科学英語の書き方とプレゼンテーション（増補）

日本機械学会 編

工学博士　石田　幸男　編著
Ph.D.　村田　泰美
Ph.D.　Igor Menshov
Ph.D.　Edward Haig　共著
弁理士　長谷　照一

コロナ社

ま　え　が　き

私が初めて国際会議で発表したのは，いまから 15 年まえの 40 才のときであった。アパラチア山脈の中腹の大学町ブラックスバーグにあるバージニアポリテクニック州立大学に到着したとき，その緑に囲まれ，広々とした威厳のあるキャンパスを緊張した気持ちで見たことを，いまでも覚えている。会議は大学の講堂で行われた。たくさんの「外国人」の注視の中で，日本で丸暗記をした講演原稿を，後で質問が少ないことを祈りながら一気に話した。それ以後，国際会議での発表，外国の大学での講義，国際学術雑誌への投稿という経験を積みながら，これまで自分がいかに無駄なこと，能率の悪いことをしてきたかと強く反省している。同時に，国際会議における他の国からの参加者にはみられない日本人独特の行動や弱点，あるいは日本人が書いた論文の英語にみられる共通的な癖が気になってきた。このような経験から，これまでのような外国文献講読という「受信」のための教育ではなく，成果を伝え，また議論の中で研究を深める「発信」のための教育が必要であると考えるようになった。

グローバリゼーションが進む中で，研究者・技術者が英語で発表し，英語で論文や報告書を書く機会が圧倒的に増えている。その流れの中で，これからの活躍が期待される若者が，かれらの汗の結晶である研究成果を，最大効率で世界に発信できるようにと，私の所属する名古屋大学大学院の電子機械工学専攻では，最近複数の外国人による英語の講義「Scientific English」を設けた。スタートしたときには，英語で行われる講義をどれだけの学生が受講してくれるのか心配であったがきわめて好評で，外国人教師と学生との間の活発なやりとりが行われる講義自体が，プレゼンテーションの見本のようになっている。

一昨年，日本機械学会東海支部では，支部の新しい事業を発案する企画委員会が設けられた。その委員会でも，最近技術英語による表現能力がますます要求されているという認識が示された。そして名古屋大学における上記の講義「Scientific English」を参考にして，「技術英語によるプレゼンテーション能力のレベルアップ」という講習会が企画され，多くの参加者を得た。外国人講師から，生の指導を英語で直接受けられるようにしたことも，支部講習会としてはこれまでとは異なる試みであった。

本書は，名古屋大学大学院における講義と機械学会東海支部の講習会の内容を加筆，修正して作ったものである。4人の先生方の分担執筆という形をとっているが，私との綿密な議論を繰り返して作りあげていったので，その内容は一つの流れにまとまっていると考えている。

本書はもとより，採り上げたテーマに関する完全な参考書を狙っているものではない。すでに高校時代に英文法などの基礎的なことがらを学んだことがある大学院生，教官，会社の研究者や技術者が，これから英語の論文をまとめるとき，あるいは国際会議で英語で講演をしなければならないとき，昔学んだ英語の知識を思い出し，必要となる最低限の知識を短時間に備えることを考えて執筆した。本書が，これから活躍が期待される若い研究者，技術者の皆さんの役に立つことを願っている。

本書の執筆には1章を村田先生，2章をメンショフ先生，3章をヘイグ先生，4章を長谷氏が担当した。なお，メンショフ先生とヘイグ先生からは，原稿を英文でいただいたが，読者の便宜を考えて，石田が和訳して掲載した。また，ヘイグ先生については，東海支部講演会で用いた英文のパワーポイントの内容の一部をあわせて掲載した。英語でのコンパクトな表現を学んでいただくとともに，ヘイグ先生の名講義の雰囲気を少しでも味わっていただければ幸いである。

最後に，本書の出版に際してお世話になった日本機械学会，同東海支部，コロナ社に感謝申し上げる。

2004年5月

編著者　石田　幸男

増補にあたって

今回の増補では，巻末に補遺として，日本機械学会誌2017年1月号～12月号にかけて連載された「機械屋英語のあれこれ」（全12回）を加えた。

2018年5月

編著者　石田　幸男

目　　　　次

1.　技術英語の文法の基礎

1.1　は　じ　め　に………………………………………………………………………1

1.2　第1言語の干渉……………………………………………………………………2

1.3　文　　　　法………………………………………………………………………3

1.3.1　冠　　詞………………………………………………………………………3

1.3.2　名　　詞………………………………………………………………………8

1.3.3　動　　詞………………………………………………………………………15

1.3.4　前　置　詞………………………………………………………………………25

1.3.5　形　容　詞………………………………………………………………………28

1.3.6　副　　詞………………………………………………………………………30

1.3.7　接　続　詞………………………………………………………………………32

1.4　構　　　　文………………………………………………………………………34

1.4.1　懸 垂 分 詞………………………………………………………………………34

1.4.2　無生物主語および受動態………………………………………………………36

1.5　関連するその他の事項……………………………………………………………37

1.5.1　同　義　語………………………………………………………………………37

1.5.2　話し言葉と書き言葉……………………………………………………………43

1.5.3　大げさな表現，主観が入る表現………………………………………………46

1.5.4 米語か英語か……47
1.5.5 略 語……48
1.5.6 記号と数式……50
1.5.7 ハイフンと音節区分……51
1.6 英文をよくするためのアドバイス……52
引用・参考文献……53

2. 科学英語と技術論文

2.1 は じ め に……54
2.2 一般的ルール……55
2.2.1 簡潔に，短い文を書け……56
2.2.2 正確で，あいまいさをなくせ……60
2.3 技術論文の書き方……63
2.3.1 表 題……63
2.3.2 概 要……66
2.3.3 本 文……66
2.3.4 参考文献……69
2.3.5 図 と 表……69
2.4 技術論文の書き方に関する注意事項……71
2.5 講演での記号・数式・図などの読み方……74
2.6 論文の投稿と査読……80
2.6.1 投 稿……80

2.6.2 査　　読……83
2.7 校　　正……87
2.8 ま　と　め……87
引用・参考文献……88

3. 英語によるプレゼンテーション

3.1 は じ め に……89
3.1.1 国際的コミュニケーションにおける英語の使用……90
3.1.2 グローバルな言語としての英語……92
3.2 どうすればプレゼンテーションが成功するか……94
3.2.1 論文とプレゼンテーションの違い……95
3.2.2 「読むべきか，読まざるべきか」それが問題だ……99
3.2.3 準　　備……101
3.2.4 プレゼンテーションの構成……108
3.2.5 プレゼンテーションを演技する……116
3.2.6 視覚教育機器……128
3.2.7 聴衆の質問……134
3.3 その他の事項……137
3.3.1 緊張への対処……137
3.3.2 会議で成功するためのヒント……140
3.4 まとめと結論……144
引用・参考文献……146

4.　特許明細書における英語のあり方

4.1　は　じ　め　に……147

4.2　英文特許明細書の書き方……148

4.2.1　米国特許明細書の記載要件……148

4.2.2　米国特許明細書の論旨の展開……149

4.2.3　特許明細書の読者……149

4.2.4　「請求の範囲」の記載目的……150

4.2.5　「請求の範囲」の書き方……151

4.3　翻訳における注意事項……152

4.4　翻　訳　の　実　例……154

4.5　ま　と　め……161

引用・参考文献……161

付録1：日本・米国特許公報の例……161

付録2：特許関連用語集……170

補遺：機械屋英語のあれこれ……175

文法（冠詞）/ 文法（同義語）/ 文法（miscellaneous）/ 英語と誤り / 発音とリスニング / 方言と訛り / 数式の読み方 / 数式等の書き方 / 論文の時制 / 英文書体 / プレゼンテーション / 博士号 / 引用・参考文献

1

技術英語の文法の基礎

1.1 は じ め に

語学は技量（ skill ）である。このことは知識をもつと同時に，書くことも，また話すことも練習しなければならないことを意味する。スキーを覚えたいと思ったら体重のかけ方，板の操り方，ターンの仕方などを教えてもらいながら実際に自分でやってみるのと同じである。やり方だけ教授してもらっても，体を動かして練習しなければ滑れるようにはならない。英語に限らず，語学の習得もスポーツや楽器をマスターすることと結局は同じである。それらはすべて技量であるから知識は必要だが，知識だけでは習得の十分条件にはならない。中学，高校でかなり英語を勉強しても，スラスラ読み書きができたり，英会話ができるようにならなかったことを思い起こせば，英語は技量であるということが納得できよう。練習が足らなかったのである。

この章では文法を扱うが，文法を，文を組み立てるための規則というように位置づける。日本語はもとより英語とはまったく異なった言語グループに属する。自分の母語が英語と同じ言語グループに属する言語だったら，母語の規則から類推して英語の文を組み立てるということも可能かもしれないが，日本語と英語は違いすぎるため，われわれには類推があまりできない。日本語話者は，英文の作り方を一からルールとして学ばなければならないのである。しかしルールを知り，それに従って練習を重ねれば，英語を書くことも技量であるがゆえに必ず上達することもまた真である。論文などの書きものは口頭発表

（プレゼンテーション）とは違い，どうしても英語の正確さを要求されるものであるが，練習あるのみ，書いてみるのみ，という姿勢を忘れないことが重要である。

1.2　第1言語の干渉

多くの日本人は，第1言語（L1 = the 1st language, mother tongue）が日本語で，英語は第2言語（L2）になる。つまりまずはじめに覚えた言葉（ゆえに母語）が日本語で，そのつぎに覚えた言葉が英語ということである。日本人が英語を学ぶとき，あらゆるレベルでL1である日本語が顔を出してくる。英語の発音も日本語式になるばかりか，文を書くときは知らず識らず日本語のように英文を書いてしまう。まとまった文章の中にも日本語的思考が現れる。起承転結という代表的な日本語の論理構成では，まず「起」で話題を起こす。しかし，まだそれについてなにがいいたいのかはいわない。「承」で話題を発展させるが，「転」ではいったん話題からそれる。最後の「結」で全体をつなぐような結論を出すが，一番いいたいことはこの最後で述べるようになっている。英語では論理の流れがちょうど逆になる。英語ではまず話題を提示するとともに，それについてなにがいいたいのかを最初に明らかにする。残りの部分ではなぜそういえるか，という自分の論点を支持する文を書いていく。したが

The 1st language: mother tongue

って日本語ではまったく違和感のない文章をそのまま英語に直していくと，文一つひとつは文法的なのに，全体としてなにをいいたいのかわかりにくい文章となることがある。

このように第1言語の干渉ということを念頭に置き，この章では日本語とは違う英文法という視点で項目を採り上げてみた。英文法でも日本語と共通するものは理解しやすいし，正しく使える。例えば，「過去形」は日本語にもあるのですぐにわかるし，作文にも使える。ところが「現在完了」になると，日本語では過去形と区別されていないため，まずその概念を理解するのに手間取り，理解できたとしてもこの場面で現在完了を使うということが思いつかず，うまく使えなくなってしまう。第2言語習得には文法の基礎としてまず日本語と違うところ，つまり日本語話者にとってやっかいで，間違えやすいところをきちんと押さえることが重要である。

1.3 文　　　法

1.3.1 冠　　　詞 －Articles－

冠詞には定冠詞 the と不定冠詞 a（an）があるが，それらをつけないこともある。冠詞は日本語にもともとないものであるから，日本人にとって使い分けの難しい文法項目である。これらの誤用は，大きな誤解を生じるものではないにしても文章を不自然にし，したがって読みにくい印象を与える論文にしてしまう。学術誌の投稿論文では，冠詞の誤用が多いだけで査読を通らないこともある。冠詞の基本ルールは，おおよそ以下のとおりである。

（i） **数えられる単数の名詞では，先に述べた（よって特定できる）ものに対しては the，初めて出てきた（よって特定できない）ものに対しては a（an）をつける。**

もともと，冠詞の the は指示代名詞の that が短くなったものである。つまり「その～」といって相手がどれかわかる場合につけるのであって，「その～」といって相手が「どの～」かわからないときに使ってはいけない。この基準に基づいて例を見てみよう（理由を例文の下に示す）。

・By *the* method explained before, we ...

「先に説明した方法で」という意味だから，どの方法か読者はわかっている。

・We explain *a* method to obtain ....

「... を得るための方法を説明する」ということで，どの方法かはこの時点で読者にはわからない。初出の method なので the はとれない。

・In *a* previous paper, we have shown...

「先行の論文で，... を示した。」という意味で，先行論文のどれかは特定していない。複数あるうちの一つの論文で，ということだから the ではなく a になる。

・Force $f(t)$ is *a* function of time t.

「力 $f(t)$ は時間 t の関数である。」という意味であり，特定の関数を示しているわけではないから a になる。

・Force $f(t)$ is *the* function defined by Eq.(1).

「力 $f(t)$ は式（1）で定義された関数である。」という意味であり，関数が特定化されるために the になる。

（ii）数えられる複数の名詞では，特に指定するとき以外は，通常は冠詞を使用しない。

これも規則（i）が当てはまると考えてよい。つまり既出の複数名詞には対象がわかっているので the をつけ，初出の複数名詞にはなにもつけない，ということである。以下の例の下線部（＿）は冠詞がないことを示す。

・＿ Data by Noyori show ....

「野依のデータによれば ...」という意味で，野依のどのデータか指定する必要がないときには無冠詞になる。

・We adopted this method. *The* results are ...

「この方法を用いた。その結果は ...」という意味である。「結果」という複数名詞自体は初出であるが，「方法を用いた結果」ということで，意味上必然的に「どの結果」か特定できるので the が必要である。

数えられない物質名詞や抽象名詞，あるいは物質名詞に近い集合名詞の場合も規則（ii）にならう。

・He found __ gold.

gold は物質名詞で初出なので無冠詞になる。

・The Japanese are known for __ dexterity with fingers.

「日本人は指の器用さで知られている。」という文で，器用さという意味の dexterity は抽象名詞で数えられない名詞である。

・__ New machinery was installed.

「新しい機械を導入した。」の意で，初出で特定できないので無冠詞になる。ちなみに machinery は集合名詞であるが物質名詞に近く，いつも単数扱いとなる。

(iii)　その他のルール

・made by __ annealing

annealing（焼きなまし）は動名詞で，動名詞には冠詞は普通つかない。

・*a* glass of water

water は物質名詞で冠詞をつけない。glass が定量を表す単位になる。glass だけではなく，水が入っているものなら，同じように使える。例えば，a bowl of water, a pot of water など。複数だと two glasses of water というように単位の部分を複数形にする。

・～ is sold by *the* yard

「～はヤードで売られている。」というように，ヤードが売るための単位になっていることを示し，それ以外の単位では売らないという意味になる。そういう場合は the をつける。

・for __ example

本来 example は可算名詞なので a か the がつく。また冠詞をつけない場合は複数形にする必要がある。しかし，これは慣用句なので手を加えてはいけない。

・as *a* function of ...

「... の関数として」という意味の慣用句である。

・The results are in good __ agreement

in agreement が「一致する」という意味の慣用句である。「よく一致している」という意味でこの文のように good をつけてもよい。

・*The x* - axis is ...

Study of Newton's theory

x 座標軸という意味で特定化されているため the をつける。ただし Axis x という時は the は必要ない。この場合は Building A（A 館）というのと同じ用法である。

・make *an* angle θ

θ という記号で表される角度で，実際にはさまざまな角度があり得る場合に an をつける。

・__ Newton's theory

「ニュートン理論」というように，人名に所有格のアポストロフィーをつけた場合は冠詞は必要ない。

・*the* Newton theory

人名を所有格にしない場合は the が必要となる。ただし，the をつけると，仮にニュートン理論が複数ある場合にはその中の「ある特定の理論」という意味がニュアンスとして出る（Newton's theory にはそれがない）。したがって文脈の中で重力の法則を指すことが明らかであれば the Newton theory でよいが，そうでなければ the theory of gravitation というように中身を表現すると誤解が避けられる。

・rotate at *the* speed of 100 rpm

「毎分 100 回転の速度」というように速度が指定されているので the が必要である。

・at *a* speed lower than 100 rpm

毎分 100 回転以下ならどのスピードでもよい場合，スピード範囲を示す意味で a

になる。

・in __ Appendix 1

番号で指定されており，番号が名詞（この例では appendix）の後にくる場合は冠詞はつかない。空港搭乗口の Gate 25（ゲート 25）も同じである。

・In __ Eq.(2), the length...

上記の例と同じである。式（2）ということで番号で指定されており数字が名詞の後にくる場合は無冠詞になる。

・by *the* perturbation method

読者周知の方法であり，摂動法というのは一つしかなく，その意味で特定化されているから the がつく。

・*the* University of New York. __ Cambridge University

of がある場合は the を使用する。of がない場合には the がつかないのが普通である。なお大学名は登録商標と同様に，勝手に the New York University と言い換えてはいけない。

・__ UNESCO

頭文字をつけてできた単語をアクロニム（acronym）と呼ぶが，アクロニムになると冠詞が省略される場合がある。

・Let us consider the example of *a* distance of 5 cm.

著者が任意に決めた長さで，必ずしも 5 cm でなくてもいいときには a をつける。example に the がつくのは，必ずしも 5 cm でなくてもいい長さを「5 cm にしたときの例」という意味で特定化されるからである。

・__ Diagnosis of Machinery（Title の例）

論文題目の先頭では a を省略してもよい。On *a* Diagnosis of Machinery と意味は同じである。なお，論文題目では各単語の最初の文字は大文字にするが，冠詞，前置詞，接続詞は大文字にしない。

・__ nut and bolt

「ナットとボルト」のように対句のときは無冠詞になる。knife and fork, cup and saucer, man and wife, day and night なども同じである。

・go to __ university

university が建物でなく，「勉学」という目的を表すときは無冠詞になる。ほかに go to church, go to school の例がある。

・I have __ red and blue balls.

これは I have *a* red ball and *a* blue ball. をまとめて短縮した例である。I have *a* red and *a* blue balls. や I have *a* red and blue balls. は誤りである。

1.3.2　名　　詞 －Nouns－

英語の名詞は，数えられる名詞（可算名詞：countable nouns）と数えられない名詞（不可算名詞：uncountable nouns）に分けられる。そして，可算名詞では単数と複数を明確に区別する。日本語にはない名詞二分法のため，日本語話者にはきわめて面倒でやっかいに感じられる文法項目である。可算名詞か不可算名詞かによって冠詞の使用法も変わってくるので，1.3.1 項の冠詞と一緒に名詞の使い方をきちんと押さえておきたい。ここでは可算，不可算の区別という観点で話を進める。英語での可算名詞と不可算名詞の区別はつぎのようになる。

（i）　普通名詞と集合名詞は可算であるが，固有名詞，抽象名詞，物質名詞は不可算である。

○可算名詞の例

samples, films, particles, neutrons, references, experiments, considerations, theories, investigations, results, differences, difficulties

○不可算名詞の例

water, air, wood, iron, helium, help, truth, paper, advice, news, knowledge, information, literature, work, baggage, luggage

中には意味によって可算になったり不可算になったりする名詞もある。そのような名詞は意外と多いものである。その代表的なものに paper がある。例えば

・Wrap it in *paper.*

「紙に包む。」紙という意味を表し，物質名詞で不可算である。1 枚の紙というときは one piece/sheet of paper という。

・I bought two *papers*.

「新聞を二つ買った。」普通名詞で可算である。

・He submitted two *papers*.

「論文を二本投稿した。」という意味を表し，普通名詞で可算である。

つぎのような物質名詞は，意味が似ている普通名詞があり，間違えやすいので注意しなければならない。これでもわかるとおり，意味から考えても可算か不可算かを判断することができない名詞は多い。新しい名詞を覚えたら可算か不可算かもあわせて覚えておくべきであろう。

○意味が似ている物質名詞と普通名詞の例

baggage（手荷物―物質名詞）と bag（袋―普通名詞）

grass（草―物質名詞）と leaf（葉―普通名詞）

shade（陰―物質名詞）と shadow（影―普通名詞）

tobacco（タバコ―物質名詞）と cigar（葉巻―普通名詞）

集合名詞は，それを一つのまとまりを表すと考えると，普通名詞と同じように扱い，不定冠詞 a（an）をつけたり，また複数形にもすることができる。

・There is *an* American family living in this town.

・Ten *families* are living in this small town.

ところが集合名詞は主語になったとき，形は単数でも複数扱いになることがあるのでややこしい。つぎの例を見てみよう。

・My family *lives* in Nagoya.

・My family *are* all tall.

上の例文では「私の家族は名古屋に住んでいる。」という意味だから family は単数，動詞にも 3 人称，単数，現在（3 単現）を示す -s がついている。それに対し，その下の例文では動詞は is でなく are となっている。my family は形の上では単数だが，内容を考え複数として扱われている，ということなのである。つまり my family を一つの単位としてみなすのではなく，その個々の構成員に注目しているから複数として扱うのである。family と同じような集合名詞にはつぎのようなものがある。

○集合名詞の例

army, navy, committee, couple, team, class, crew

集合名詞でさらに気をつける点は上記のような普通名詞（単数形にも複数形にもなる）的なものと，物質名詞的なものがあることである。物質名詞的な集合名詞は複数の -s をとらず，またいつも単数扱いで，数量をいうのに much, (a) little で表す。ただし物質名詞的な集合名詞は数はあまり多くない。物質名詞的な集合名詞にはつぎのものがある。

○物質名詞的な集合名詞の例

machinery（機械類），clothing（衣類），equipment（設備），stationery（文房具），furniture（家具）

・How *much* new machinery has been installed?

「新しい機械類がどのくらいすえつけられましたか。」

また物質名詞を「単位を表す語＋ of」をつけて数えることができるように，物質名詞的な集合名詞も同じように数えることができる。例えば，machinery なら a *piece of* machinery, two *pieces of* machinery というようにできる。この場合は，単位を表す語はすべて piece でいえる。

○つねに複数として扱われる集合名詞　集合名詞に関して最後の注意点は，物質名詞的な集合名詞とは逆に，いつも複数として扱われるものがあることである。そのような集合名詞はあまりなく，police を覚えておけばよいであろう。

・The police *are* looking into the matter.

「警察はその事件を調査中だ。」

・Several police *are* patrolling the city.

「数名の警官が町をパトロールしている。」

直接技術英語とは関係ないが，集合名詞の扱い，特に物質名詞的な集合名詞といつも複数扱いの police については TOEIC などの英語能力試験に繰り返し現れる問題である。

(ii) 可算名詞は単数形では a (an) または the, 複数形では無冠詞または the をつける。

単数形，複数形，それぞれの名詞の種類と冠詞の組合せをまとめるとつぎのようになる。

・a/an ＋単数名詞（普通名詞，集合名詞）

・the ＋単数名詞（普通名詞，集合名詞，物質名詞，抽象名詞）

・the ＋複数名詞（普通名詞，集合名詞）

・__＋単数名詞（固有名詞，物質名詞的な集合名詞，物質名詞，抽象名詞）

・__＋複数名詞（普通名詞，集合名詞）

普通名詞の単数で a か the か，物質名詞で the か無冠詞か，というような直接冠詞の使用に関する問題は 1.3.1 項で扱った。ここの組合せを見てピンとこない場合には，名詞の種類，冠詞の使用に関してもう一度読み直して理解をしておきたい。

(iii) 不可算名詞は複数形をとらない。

これはどれが不可算名詞かを知らなければ守れない規則である。意味だけで可算か不可算かを推測することもある程度はできるが，なぜこれが数えられない名詞でこれが数えられる名詞なのか，と理解に苦しむ名詞も多く，そういうものは個別に覚えるしか方法はない。可算，不可算名詞で間違えやすい単語を挙げておこう。

・He gave me good *advice*. He gave me a lot of good *advice*.

advice は物質名詞で不可算名詞である。よって「多くの」という場合は many は使えない。

・Much *work* exists.

この work は「研究」という意味であるが,「仕事」という意味でも不可算名詞である。work は美術作品，文芸作品の意味に使われるときには可算名詞になる。例えば，the complete works of Shakespeare「シェークスピア全集」がある。なお，似た単語で「研究」という意味の study は，つぎのとおり可算名詞である。cf. Two studies exist.

・He did a lot of *research* in this field.

一般的に，「調査・研究」というときには複数形にならない。

・The *following* is (are) clarified.

これは「つぎのことが明らかになった。」という意味で，「つぎのこと」が一つの点，項目であれば単数扱いだが，複数の点を含む場合は複数扱いとなるケースである。その意味で集合名詞に似ている。なお，The following*s* are clarified. と複数の -s をつける誤りはよく見受けられる。

・Much *literature* on this subject is listed.

「多くの文献」という意味だが，物質名詞で複数形にはならない。よって is で受ける。

（iv） 単数形と複数形が同形のものがある。

普通名詞なのだが，複数形でも名詞の形が変わらず単数形と同じ形をとるものがある。また複数形のようにみえるが単数形でも同じ形のものもある。日常生活の中で数に重要性を感じない名詞（例えば群れで接した sheep）などが単複同形になったのかもしれない。これらは可算，不可算名詞と同様，あまり理由は考えず，覚えたほうがよいだろう。

◯単複同形の例

a fish / many fish ; a sheep / many sheep ; a Japanese / many Japanese ;
a Chinese / many Chinese ; a hundred / three hundred ; one thousand / five thousand ; one series / two series ; a means/ many means（手段）

例えば「二百ポンド払った」という文は

・I paid two *hundred* pounds.

となる。hundred には -s をつけないが，pound は複数形にする。*hundreds* of pounds（何百ポンドも）という表現では hundred に -s がついているが，これは hundreds of ～という熟語としての用法である。同じく「何千も」という意味の thousands of ～という熟語もある。

（v） ギリシャ語やラテン語由来の複数形を使うもの。

名詞の中には普通の複数形の語尾 -s ではなく，他の複数語尾をとるものがある。これらはもともとギリシャ語やラテン語だった単語である。科学英語だけではなく，一般に学術的な英語にはギリシャ語，ラテン語由来の単語が多いので目にする機会も多いであろう。複数形を作るのにはある程度の規則があり，類推も可能である。

〔-a → -ae〕 antenna → antennae ; formula → formulae（formulas も可）; larva → larvae（larvas も可）

〔-ex → -ices〕 index → indices（指数），indexes（索引）; vortex → vortices（vortexes も可）

〔-ix → -ices〕 appendix → appendices ; matrix → matrices

〔-is → -es〕 analysis → analyses ; axis → axes ; basis → bases ; crisis → crises ; hypothesis → hypotheses ; parenthesis → parentheses ; thesis → theses（なお，この -is から -es の変化で発音も変わる。複数形の -es のときは少しのばして発音する。例えば thesis [...ses] → theses [...si:z]

〔-on → -a〕 criterion → criteria ; phenomenon → phenomena

〔-um → -a〕 datum → data ; erratum → errata ; maximum → maxima（maximums も可）; medium → media（mediums も可）; spectrum → spectra ; symposium → symposia ; vacuum → vacua

〔-us → -i〕 focus → foci（focuses も可）; genius → genii（geniuses も可）; fungus → fungi（funguses も可）; locus → loci ; nucleus → nuclei ; radius → radii

（vi） 学術名などで複数形のようにみえても単数扱いのものがある。

○学術名の例

news, politics, calculus, economics, mathematics, linguistics, physics, ergonomics

これらは最後の s のため複数形にみえるが，すべて不可算名詞で単数扱いになる。

・Physics *is* difficult.

「物理は難しい。」

・No news *is* good news.

「便りのないのは良い便り。」

(vii) 形容詞的用法の名詞はつねに単数で用い，通常はハイフンで結ばれる。

「形容詞的用法の名詞」とは名詞を修飾している名詞のことで，数量や時間の長さを表すものであることが多い。

○形容詞的用法の名詞の例

a three-*year*-old baby, a two-*week* holiday, a five-*centimeter* screw（5 cm のねじ）

この場合，修飾する名詞は単数にしなければならない。また saw - *tooth* wave（のこぎり波）というときも tooth は修飾する名詞なので teeth ではなく単数形の tooth になる。

(viii) 文字，数字の複数形は -'s をつける。略語の複数形は個々で覚える。

○ 文字や数字の複数形の例

two A's（二つの A），two 3's（二つの 3），the 1970's（1970 年代）

-'s は所有格のようにみえるが複数形を表す。本来は複数形を示す -s だけでよいはずで，実際アポストロフィーをつけない形も見ることはあるが，文字，数字の複数形にはアポストロフィーをつけるのが正式な用法である（ただし数字は 10 以上の場合はアポストロフィーなしの s だけでよいとする編集方針の本やジャーナルもある）。

○略語の複数形の例

Drs.（博士），pp.（ページ），ll.（行）

通常は Dr. → Drs., TA (teaching assistant) → TAs のようにする。なお，特殊な例として p.（ページ）や l.（行）のように略語を重ねて，pp. や ll. とする場合がある。

・*Drs.* Johnson and Smith

「ジョンソン博士とスミス博士」

・Refer to *pp.* 15 - 17.

「15ページから17ページを参照のこと。」

これらも編集方針により，単複両方 p. で統一する場合，略語でも一般的な略語である p. はピリオドをつけないで p と書く場合など，統一されているわけではない。投稿規定によって確認するのが一番よい。

1.3.3 動　　詞 – Verbs –

動詞は文の核（core）である。つまり用いる動詞が決まれば文型が必然的に決まってくる。英文を書く際はまず動詞を決定してから，つぎにその動詞の主語を考える。文の他の要素――どんな前置詞を使うか，目的語をとるか，目的語をいくつとるかなど――の情報は動詞次第である。例えば「ニュースがメアリーのところまで届いた」と英語でいいたいとしよう。英文を書くとき，日本語の逐語訳という方法は一番能率が悪いので「届いた」という単語を英語で何だったかと考える必要はない（もちろん知っていればベストだが）。ましてや「ところ」を英語でどういうか，などという疑問は不要である。肝心なのは「ニュースが伝搬し，それがメアリーまで行った」という状況を英語で表すことなので，使える最も簡単な動詞は go だろう。すると「go する」主語は news でなくてはならない。そして go は普通 to ～という名詞句をとるので「ニュースがメアリーのところまで届いた」という状況を表す英文は The news went to Mary. となる。「届いた」を reach とすれば The news reached Mary.（reach は他動詞）である。動詞を単独で覚えても，それがどういう構文をとるかまで知らないとその動詞を使えるようにはならない。動詞を覚えるときは一つ例文も覚えよといわれる理由はここにある。

この文はまた，発想を変えれば Mary heard the news. でも表せる。じつはこの三つの文は同じ事実関係を示しているのである。動詞を決定するとき，どのように表現すればよりシンプルに意味（つまり事実関係）をいえるのかを考えるとよい。ここでは日本人が特に間違えやすい動詞の使用法に関して，五つの事項を説明する。

〔**1**〕 **他動詞と自動詞の区別**　　これは文型にかかわってくるおおもとの事項なのでたえず意識しなければならない。目的語をとる動詞が他動詞，とらない動詞が自動詞であるが，多くの動詞は両方に用いられるのでやっかいである。また英語の目的語は日本語の「～を」だけでなく「～が」や「～に」も含むことがあるので注意が必要である。英語の目的語の定義はきわめて単純である。動詞の後で，前置詞を挟むことなく直後にくる名詞が目的語とされる。英語の目的語の定義は意味ではなく，動詞の直後，という語順でなされることに気がついてほしい。だから循環定義のようになるが，他動詞というのは直後に名詞をとる動詞，ということになるのである。動詞の後に前置詞がきていたら自動詞と考えていい（ただしこれはあくまで独立した動詞一語だけの話に限定される。熟語はここでは考えていない。例えば他動詞の give は up と一緒になり「あきらめる」という熟語になるが，この場合 up があるからといって give は自動詞ということではない）。

・He cannot *speak*.（自）

・He does not *speak to* me.（自）

・He *speaks* English.（他）

英語の目的語は日本語の「～を」だけではなく，「～が」や「～に」も含むので，逆に日本語の「～に」に引きずられて英語では本来他動詞である動詞に to をつけてしまう間違いがよく見受けられる。

・We *reached* ~~to~~ the conclusions.

reach は他動詞用法しかない。よって to は不要である。なお，同じような意味の arrive は自動詞である。cf. He *arrived at* school.　すなわち，自動詞と他動詞の区別は意味からくるものではない。

・*Answer* ~~to~~ the question.

質問などに「答える」という answer は他動詞用法であり，よって to は不要である。同義語に reply「手紙などに返答する」，respond「応答する」，comply「要望などに答える」があるが，これらはすべて自動詞なので reply *to*, respond *to*, comply *with* という形で前置詞が必要である。

・We *discuss* ~~about~~ the problem.

「～について話し合う，論議する」という意味の discuss は他動詞であり，about を使ってはいけない。同義語の argue は反対に自動詞である。cf. We *argued about* the problem.

○自動詞と他動詞で意味の異なる例

become（自）なる／（他）似合う；stand（自）立つ／（他）耐える

suffer（自）苦しむ／（他）受ける；run（自）走る／（他）経営する

・He *runs* for an hour every day.

「彼は毎日 1 時間走る。」

・He *runs* a company.

「彼は会社を経営している。」

○不完全自動詞の例

be, appear, seem, become など

補語を伴わなければ意味が完結しない自動詞は不完全自動詞と呼ばれる。S（主語）＋ V（動詞）＋ C（補語）の文型では，主語の状態を補語が説明しており，S ＝ C である。

・He *became* ~~to~~ a scientist.

become は自動詞である。この文の scientist は目的語（object）ではなく補語（complement）である。to は不要である。

○受　動　態

・The set - up *consists of* A and B.（正）

「この装置は A と B からなる。」

・The set - up *is consisted of* A and B.（誤）

「～からなる」という意味の consist は必ず of を伴い，自動詞である。

英語では受動態になるのは他動詞のみで，自動詞が受動態になることはない。上記のような間違いは「～からなる」の同義表現 be composed of ～，be comprised of ～，be made up of ～からの類推かもしれない。いずれにしても，受動態で使うものとそうでないものとをきちんと区別することが必要である。

〔2〕 主語と動詞の一致　冠詞や可算 / 不可算名詞と同様，これは日本語にはない英文法の規則である。現在時制の動詞の形が主語によって変わる規則で，名詞が主語となったとき，単数形か複数形かで動詞に -s をつけるかつけないかを決めなくてはならない。ここでは，単数形か複数形か判断に迷いそうな名詞や代名詞などを見ていく。

○人を指す不定代名詞

例：one, everyone, everybody, no one, nobody, anyone, anybody, someone, somebody

以上は主語となった場合，単数形として扱われる代名詞である。

・*One has* to be careful not to confuse the two results.

「その二つの結果を混同しないように注意しなければならない。」この場合の one は書き手も含む「われわれ」の意味だが，単数形扱いである。

・*No one is* allowed in the laboratory.

「実験室にはだれも入ることが許されない。」

・*Anybody is* welcome to come.

「だれでも歓迎だ。」

○その他の不定代名詞

例：each, either, neither

これらも単数扱いになる。

・*Each* of the shafts *works* simultaneously.

「それぞれのシャフトが同時に働く。」

・*Neither* of the shafts *is* widely used today.

「どちらのシャフトもいまではあまり使われていない。」

また上の例文で each や neither は代名詞であるが，形容詞としても使われ，同じ意味を表すことができる。

・*Each shaft works* simultaneously.

・*Neither shaft is* widely used today.

either も同様，代名詞としても形容詞としても使用される。構文も each や

neither にならう。これら三つは代名詞，形容詞の用法いずれでも単数形扱いであることを覚えておきたい。

○形容詞＋名詞

例：some boy, some boys, some research, all students, all water, most students, most research

これらは，つぎにくる名詞によって単数形扱いか複数形扱いかが決まる。

・*Some boy does* it.

「ある男の子が」という意味を表す。冠詞の a と似ている。

・*Some boys do* it.

「何人かの男の子が」という意味を表す。some の普通の用法である。

・*Some research shows* that ...

「いくつかの研究は ... を示している。」research は物質名詞で不可算なので単数形で受ける。

・*All students are* required to ...

「すべての学生は ... しなければならない。」

・*All water has* evaporated.

「すべての水分が蒸発した。」water が物質名詞のため単数形で受ける。

・*Most students want* to improve their English.

・*Most success is* gained through constant effort.

「たいていの成功は不断の努力によって得られる。」success は抽象名詞で不可算のため単数形で受ける。

○数量代名詞

例：both, few, a few, many, several

これらは複数形扱いの代名詞である。

・Of the problems to be solved, *few are* serious.

「解決されるべき問題で，深刻な問題はほとんどない。」

・*Both are* difficult questions to answer.

・*Many prefer* meat to fish.

「魚より肉を好む人は多い。」

前出の each, either, neither と同様，形容詞としても使用は可能である。

・*Few questions are* serious.

・*Both questions are* difficult to answer.

・*Many people prefer* meat to fish.

○ and で結ばれた主語　普通は単数形扱いの物質名詞や抽象名詞でも，and で結ばれると全体では複数形で扱われる。

・Research *and* development *are* the key issues.

・Oxygen *and* hydrogen *are* what water is made up of.

○ either ～ or ～や neither ～ nor ～で結ばれた主語　or や nor で結ばれた主語は，名詞が単数形であれば単数形で，複数形であれば複数形で受ける。

・*Either* American currency *or* Japanese currency *is* acceptable.

「米国通貨でも日本通貨でも使える。」

・*Neither* the result *nor* the argument *is* convincing.

「結果も議論も説得力に欠ける。」

・*Neither* apples *nor* oranges *grow* in this area.

「りんごもみかんもこの辺では育たない。」

○集 合 名 詞

例：class, family, team, group, flock, crew, audience, enemy, club, orchestra など

1.3.2 項の復習になるが，集合名詞は全体を一つの単位のように考えるときは単数形として扱い，構成員に注目するときには複数形として扱う。

・His *family is* a large one.

・His *family are* all well.

最近のアメリカ英語では，構成員に注目するときは

・His *family members are* all well.

と個々の単語を前面に出すほうが好まれるようである。group members, enemy soldiers なども同様である。

○論文や本の題名，国名など

題名の例：Manipulator Dynamics,　Electric Circuits,
　　　　　Robot Hands and the Mechanics of Manipulation

国名の例：The United States of America, The Netherlands

固有名詞は複数形になっていても単一の本や国を指しているので単数形扱いになる。

・“Robot Hands and the Mechanics of Manipulation” *was* written in 2000.

・*Electric Circuits* by Prof. Smith *is* used as our textbook.

本の題名などは，このように quotation marks を用いたり，イタリック体にする。

・*The United States of America is* a strong country.

・*The Netherlands has* an advanced welfare system.

「オランダは高度な福祉制度をもっている。」

○存 在 構 文　There *is* ～，There *are* ～

There is/are... で始まる文を存在構文という。存在構文における主語は文頭の there ではなく動詞の後の名詞である。よって動詞の後の名詞で動詞の形を決めなければならない。

・There *is* some evidence that the suspect came back.

「容疑者が戻ってきたという証拠がある。」evidence は物質名詞で不可算なので動詞は is となる。

・Recently there *have* been a number of investigations into ...

「最近 ... の研究がいくつかなされている。」investigations に呼応して has ではなく have となる。

〔3〕 修飾語としての現在分詞と過去分詞の使い分け　いずれも動詞から作られ，形容詞と動詞の性質をあわせもっている。現在分詞は名詞・代名詞を能動的に形容し，過去分詞は受動的に形容する。

・the expression *defining* the notation *m* is ...

・the notation *m defined* by this expression is ...

上の現在分詞の意味は「記号 m を**定義する**式は ...」であり，下の過去分詞は「この式によって**定義された**記号 m は ...」となる。現在分詞は能動的（「する」），過去分詞は受動的（「される」）に形容するとはこういう意味である。受動態になるのは他動詞だけなので，自動詞を過去分詞にして，名詞を修飾することはできない。つぎの文で，sparkle「光る」は自動詞なので最初の文は正しいが2番目の文は間違いである。

・The particle *sparkling* in the liquid is ...（正）

「液体の中で光っている粒子は ...」

・The particle *sparkled* in the liquid is ...（誤）

もし「液体の中で光った粒子は ...」といいたければ

・The particle *which* sparkled in the liquid is ...

と，関係代名詞 which や that を入れる必要がある。

〔**4**〕**現在形と現在進行形**　現在形と現在進行形は日本語の「～る」と「～ている」に対応していると思って，日本語で「～ている」となるときはいつも be ＋～ ing と訳すのは危険である。日本語の「～ている」は英語の be ＋～ ing よりも広い意味を含み，逆にいえば英語の現在進行形は範囲が「～ている」よりもかなり狭いからである。

○現　在　形

・Tommy sings.

「トミーは歌う。」という恒常的な事実の描写を表す。トミーが歌手である場合などを表す。

○現在進行形

・Tommy is singing.

「トミーは歌っている。」いま，トミーが声を出して歌っている場面の描写を表す。

英語の現在進行形は二つの意味しかない。一つはいま目の前で起こっていること（おもに動作）を表し，もう一つは予定されている近い未来のことを表す意味である。近未来を表す用法は，往来・発着を表す場合の動詞といわれているが，特に口語体ではそれ以外の動詞でも用いられる。

・I am leaving tonight.

「私は今夜出発します。」

・They are arriving tomorrow.

「彼らは明日到着する。」

・Tommy is singing at Club Quattro tomorrow.

「トミーは明日クラブクワトロで歌う」明日のトミーの予定を表す。

日本語で「〜ている」なのにもかかわらず，進行形にならないものをいくつか挙げておこう。

○進行形にならない例

・Figure 1 *depicts* ...

「図 1 は ... を表している / 描いている。」同じような単語に describe「描写する」，illustrate「描く」がある。どれも進行形では使わない。

・Table 2 *shows* the results of our experiment.

「表 2 はわれわれの実験の結果を示している。」

・The system *consists of* a shaft and two disks.

「システムは一つの軸と二つの円板からなっている。」

受動態だと進行形になることはまずないと考えてよい。

・The system *is treated* as a periodic time - varying model.

「システムは周期的に時間変化するモデルとして扱われている。」 are being treated ではないことに注意する。

・Analysis *is performed* to examine ...

「... を調べるために解析がなされている。」

・In this paper, numerical Floquet Theory *is used* to explore ...

「この論文では ... を探るためにフロケの理論が使われている。」

・The maximum S that *is achieved* over the range AB is ...

「AB の範囲で達している最大の S は ... である。」

・The paper by Eshleman in 1999 *is* well *known*.

「1999年のエシュルマンによる論文はよく知られている。」

〔5〕 過去形と現在完了形

○過去形と現在完了形の違い　過去形と現在完了形（have/has＋過去分詞）の決定的な違いは，過去形は現在と結びついてはいないが，現在完了形は現在と結びついている，という点である。完了形はその名のとおりある動作が完了しているということを表し，現在でもその完了した状態が続いているというのが現在完了形（present perfect）の意味である。つぎの例を考える。

・I cleaned my room yesterday.

・I have cleaned my room.

上の例文を比較した場合，過去文ではその保証はないが，現在完了文では私の部屋はいまでもきれいであることをいっている。

完了には「なにかが終わった」という意味が必然的についてくるので，このあたりで過去形と紛らわしくなり，特に現在完了形を表す日本語をもたないわれわれには理解が難しくなる。現在完了形の感覚を無理やり日本語で置き換えようとすると，「～したという状態がいまある」というようになろうか。

○現在完了形の基本的用法

・I have finished my homework.（完了，「～してしまった」）

・Have you ever visited the USA?（経験，「～したことがある」）

・He has gone to America.（結果，「～してしまった」）

・I have known him since he was a child.（継続，「いままでずっと～である」）

中学で現在完了形をならったとき，現在完了形の意味として4Kの「完了，経験，結果，継続」を覚えた記憶があると思うが，まったく共通項のないこれらの意味が，なぜ英語では現在完了形という一つの形でいえるのかと不思議に思ったのは私一人ではないだろう。この4Kに共通しているのが「～した状態がいまある」という意味要素なのである。

○過去形と現在完了形の使い分け　過去形と現在完了形の使い分けを，論文を書くときの注意点として挙げておきたい。まずabstractとして要旨を書く場合は原則として現在形と現在完了形で書く。読者が論文を読むときは最初にabstractを読む。よってabstractの論調は「この論文は〜である」という現在形の感覚で統一する。たとえ「実験をやった」というときでもan experiment is conductedであり，「結果が得られた」もIt is found that... と書く。

- Many researchers *have employed* ...

  「多くの研究者は ... を使ってきた。」この「(これまで) 〜してきた」という表現は日本語での現在完了の表現と考えられる。

- Previous research *has found* that ...

  「先の研究では ... ということがわかっている。」無生物主語については1.4.2項も参照のこと。

- Flexible rotor - bearing systems *have been analyzed* by different mathematical methods.

  「弾性ロータ・軸受系はさまざまな数学的方法で（いままで）分析されている。」

同じように本文中のconclusionおよびsummaryの部分の時制も現在形か現在完了形で書くことが多い。

- A finite element model *has been developed* for ...

  「... のために有限要素モデルが開発された。」

- The equation of motion for the element *is presented* ...

  「要素の運動方程式が提示されている。」

- Furthermore, it *is observed* that ...

  「さらに，... ということが観察された。」

1.3.4 前　置　詞 − Prepositions −

名詞や代名詞の前に置き（だから前置詞と呼ばれる），全体として形容詞句や副詞句を作るのが前置詞である。論文を書いているとき，これで意外と迷うことがある。例えば，「〜の研究」を英訳するとき，study of ..., study about ..., study on ... などがよい例で，「の」をどの前置詞でいえばよいかわからなくなってしまう。前置詞の選択にはそれなりの理由があるときもあるが，特定の動詞，形容詞に伴う前置詞は習慣的に決まっており，理由を考えるより，むしろ辞書をまめに引いて語呂で覚えることが先である。言い換えれば，前置詞は単独で訳すのではなく，どの言葉の前または後にあるのかに注目し，前置詞を含む全体を覚えたほうが効率がよい。以下にいくつか例を挙げる。

・a study *of* ..., research *in* ...

「～の研究」というときに用いる。ちなみに study は可算名詞なので a が必要である。

・Function $f(x)$ depends *on* x but is independent *of* y.

「関数 $f(x)$ は，x に依存するが y には独立である。」depend on/upon, be independent of で熟語である。

・differ *from* ...

「～と違う」という意味の熟語である。「～に似る」は resemble ~~to~~ ... で，他動詞なので to をつけるのは誤りである。

・Function $f(x,y)$ is a function *of* x and y.

「x と y の関数」

・data *on* temperature

「温度のデータ」on には「～に関する」という意味合いがある。なお，data は datum の複数形であるが，this data のように単数形で用いることもある。

・discussion *about* this problem

「この問題についての議論」厳密で，ややあらたまった感じをもって「この問題に関する論文」と表現したい場合には discussion *on* this problem とする。

・What shall we talk *about* ?

「なにを話しましょうか。」と考えると about を忘れがちである。口語では about をつけないこともあるが，talk about「～について話す」のように前置詞をつけて自動詞として使うのが普通である。

・She spoke *about* many things with her mother.

同じ speak でも講演の場合のように専門的な内容のときは on を用いることが多い。例えば，The invited professor spoke *on* stability problems.

・the City *of* Tokyo

「東京という街」で of は同格を表す。Tokyo City も可である。

・Coke mainly consists *of* carbon.

「コークはおもに炭素からなる。」consist of ～は熟語である。consist of に関しては 1.3.3 項（P. 17）も参照のこと。

・terms *on* the right - hand side of Eq.(1).

「式（1）の右辺の項」という意味を表す。「右辺の」の意味で on the right, on the right side も可である。

・rotate *at* the speed of 1 000 rpm

「毎秒 1 000 回のスピードで回転する。」

・*in* the x-direction

「x の方向に」という場合は in を用いる。

・measured *to* the accuracy of 0.1

「0.1 の精度で測定されている。」という意味を表す。in は誤りで to を用いる。

・*to* the second approximation

「第 2 近似まで」という意味を表す。in は誤りで to を用いる。

・Let us focus our attention *on* this problem.

「この問題に焦点を合わせよう。」という意味を表す。日本語につられて to とするのは誤りで on を用いる。

○群 前 置 詞　　英語の中には複数の単語が一つの前置詞と同じ働きをしているものがある。これを群前置詞（group preposition）と呼ぶ。群前置詞にはつぎのようなものがある。

・*according to ...*

「～に従って」

・*because of ...*

「～のために」理由を示す。

・*by means of ...*

「～によって」手段，方法を示す。

・*in spite of ...*

「～にもかかわらず」逆接的な意味を表す。

・*out of ...*

「～の中から（外へ）」これに対して，from は一つの場所あるいは時間を考えて「～から（分離して）」という意味をもつ。例えば，He walked *out of* the shop. ; I received a letter *from* him.

・*with regard(s) to ...*

「～に関して」

これらの働きは前置詞と同じなので，続く単語は名詞である。節をもってくると間違いになるので，例えば「雨が降っていたので」と書きたいとき，*because of* it was raining ではなく，*because of* the rain としなければならない。

1.3.5 形　容　詞 －Adjectives－

形容詞に関する文法のポイントとして，形容詞の位置と数量に関する問題を説明する。

〔1〕 形容詞の位置

○限定用法と叙述用法　形容詞の使い方として，a *difficult* problem のように名詞に直接付加する限定用法と It is *difficult*. のように述語として用いられる叙述用法がある。また，この例の difficult のように両方使われるもの，an *inner* surface のように限定用法だけに使われるもの，He is *alone*. のように叙述用法だけに使われるもの，the *right* hand（右の）， He is *right*.（正しい）のように用法によって意味が変わるものに分類できる。多くの形容詞は限定用法と叙述用法ともに使えるので，どちらか一方しか用法をもたないものを覚えるほうが簡単であろう。

○限定用法の位置　本来は日本語同様，形容詞は形容する名詞の前に置くのが原則だが，後に置かれることもある。以下にその例を挙げる。

・a tool *useful* to students

形容詞と密接に結びつく語句が続き，形容詞の部分が長くなる場合の表現である。

・two years *old*.

定型表現の一つである。

・ten feet *high*, two meters *long*

長さ，幅，厚さなどをいうときの表現である。抽象名詞と前置詞を用いた two feet *in height* や two meters *in length* という表現もある。

・He found something *new*.

-thing, -body, -one のつく不定代名詞につく形容詞は後にもってくる。

〔**2**〕 **複数の形容詞の配列順序**　複数の形容詞を使うときには一応の順番がある。

○代名形容詞＋数量形容詞＋性質形容詞

・He solved *these two difficult* problems.

・*Those ten unique* ideas were proposed by the committee.

「それら 10 のユニークなアイデアが委員会から提案された。」

○性質形容詞の中の順序：

主観的形容詞＋客観的形容詞（大小＋形＋新旧＋色＋由来＋材質）

・most of the *cute, little , new, colorful, Japanese, ceramic* ornaments

「可愛くて小さく，新しいカラフルな日本のセラミックの飾り物のほとんど」

・a *beautiful, large, round* crystal

主観的形容詞というのは価値判断や意見的な内容を表す。一方，客観的形容詞は大小，新旧，色，由来，材質などの事実を説明する。主観的な形容詞は客観的な形容詞の前に置く。客観的な形容詞の中にもある程度上のような順番がある。また三つ以上形容詞が続く場合はコンマをつけたほうが読み手にとってわかりやすくなる。

〔**3**〕 **数量形容詞**　many, much などの数量形容詞の一種に数詞があり，さらに数詞には one, two, ... などの基数詞と first, second, ... などの序数詞がある。この序数詞は，1st (first), 2nd (second), 3rd (third), ..., 31st (thirty-first), 45th (forty-fifth), 100th (hundredth) のように書くこともあり普通定冠詞の the を伴う。例えば

・*The second* man is Mr.Yamada.

「2番目の男が山田氏だ。」しかし，He came *first*.「彼は1位になった。」のように副詞で使う場合は冠詞はいらない。

以下で数量形容詞の紛らわしい用法を挙げていく。

・... times as ... as

倍数（... 倍）を表す基本的な言い方である。

・*two times as* many *as* ...

「... の2倍（の数）」なお，数でなく量なら as much as，大きさなら as large as，長さなら as long as と形容詞を変えればよい。

・*Two times* three is six.

「3の2倍は6」つまり「3かける2は6」の意味である。Two times ~~of~~ three ... と日本語につられて of をつけないこと。

・Let's run at *twice* the speed.

「2倍のスピードで走ろう。」twice ~~of~~ the speed と of を入れないこと。また double も使えなくはないが，論文には twice のほうが数学的な響きがある分好ましい。3倍のときは three times といい，triple は使わない。

・He asked for *double* the usual fare.

「彼は普通の2倍の料金を請求した。」上の例でもそうだが，うっかり the を double の前につけないように注意が必要である。double の代わりに twice を使用してもよい。

・*one-third*

「1/3」を表す。分数は分子に基数詞，分母に序数詞を用いる。ハイフンはあってもなくてもどちらでもよい。

・*two-thirds*

「2/3」を表す。分子が2以上なら，分母の序数詞は複数形とする。ちなみに分母分子とも数が大きくなると over を使って読むのが普通である。この場合，分母は序数詞では読まない。例えば，3/20 であれば three over twenty と読む。

1.3.6 副　　詞 －Adverbs－

副詞については用法の難しいものはあまり多くない。ここでは間違えやすい

「副詞の文中における位置」について述べておく。英文での副詞の位置は比較的自由ではあるが，おおまかなルールも存在するので，基本的な位置を確認しそれに従うのがよいだろう。

（i）　形容詞・副詞にかかるときはその前に置く。

・It is *very* large.

・This result is *quite* significant.

・The boy arrived a *little* late.

なお，enough は例外で後に置く。

・It is large *enough*.

（ii）　時，様式，程度を表す副詞は主動詞または主動詞＋目的語の後に置く。

・He speaks English *fluently.*

・The disc rotated *slowly.*

・We visited my parents *yesterday.*

なお，他動詞と目的語はきわめて結びつきが強いので，副詞などで分離することは禁物である。

（iii）　頻度の副詞は主動詞の前に置く。

・He *always* writes letters.

・The robot *often* broke down.

（iv）　場所，方向を表す副詞は主動詞，または主動詞＋目的語の後に置く。

・He placed the bag *there*.

・I went *home* at midnight.

上の例文の home は副詞で使われていることに注意が必要である。

（v）　文全体にかかる副詞は，文頭か主動詞の前に置く。

・*Generally,* we study until 9 pm. または We *generally* study until 9 pm.

・*Suddenly,* the dog attacked me. または The dog *suddenly* attacked me.

（vi）　現在完了の have,will などの助動詞，および be 動詞がある文における副詞の位置はこれらの語の後に置くことが基本である。

・He has *already* returned to the U.S.

・The professor will *soon* go back to Europe.

・Professor White is *patiently* checking the English of my paper.

・The Japanese students are *generally* passive.

ただし方向，場所の副詞は動詞句の後でよい。

・All the books have been moved *upstairs.*

1.3.7 接 続 詞 －Conjunctions－

語，句，節を対等に結ぶ等位接続詞（and, but, or など）と，その節を他の部分に従属的に結ぶ従位接続詞（when, because など）がある。ここでは，論文でよく現れるいくつかの問題を採り上げる。

〔1〕 andとorによる接続　三つ以上の語句を連結するときは最後にのみ and を入れる。

・A, B, *and* C または A, B *and* C

また否定文には and ではなく or を用いる。

・He does not drink *or* gamble.

「彼は酒も飲まないし，かけ事もしない。」

・I do not have money *or* time.

「私には金も時間もない。」

ただし and でつながれた語句が慣用句的にいつもひとまとまりで使われるものは否定文でも and をそのまま使えばよい。

・I was not *born and bred* in Japan.

「私は日本で生まれ育ったのではない。」

・My father never *drinks and drives.*

「父は飲酒運転は決してしない。」飲酒運転には drunken driving といういい方もある。

文を and でつなぐときの「～もまた～ない」は，too や also ではなく either となる。

・I do not like playing soccer and I do not like watching soccer, *either.*

「サッカーをすることも見ることも好きではない。」

・I did not attend the meeting, and he didn't, *either.*

「私も会議に出なかったし，彼も出なかった。」

〔2〕 **対立の接続 but / however**　　however は厳密には接続詞ではなく副詞だが，but と同じ対比の意味をもつ。しかし対比の意味は but よりも弱いとされる。however は文頭，文中に用い，前後にコンマをつける。

・ *However,* he gave up this research later.

・Later, *however,* he gave up this research.

but は接続詞なので，文中にのみ用い，but で文を始めることは避けたほうがよい。

・The group initiated the research, *but* they gave it up later.

「グループは研究を開始したが，のちにそれを断念した。」

〔3〕 **理由の接続詞 because / as / since / for**　　どれも理由を表す従位接続詞であるが，この中で因果関係に基づく事実の原因を最も明確に表すのは because である。

・We cannot use this equipment, *because* it is broken.

「壊れているので，この設備を使うことはできない。」because を文頭にもってくることも可である。Because ..., we ...

as は口語でよく使う。聞き手にもわかっているような弱い理由のとき文頭で用いる。口語ではつけ足すようなニュアンスで文末に用いられることも多い。

・*As* you are not ready, we must go without you.

・We must go without you, *as* you are not ready.

since は as と同じだが，アメリカ英語で特に好まれる。因果関係の明示度は because より弱い。

for は原因を表すが多分に文学的な響きがあり，科学論文には不適切な接続詞である。

・It looks like rain, *for* it is getting dark.

「暗くなってきたので，雨が降りそうだ。」for は文頭での使用はできない。

1.4 構　　文

語単位の文法から文単位に範囲を広げ，日本語話者にとって注意を要する構文を採り上げる。

1.4.1 懸垂分詞 －Dangling Participles－

現在分詞構文では，分詞の主語は主文の主語と一致する。一致しないときは別に分詞に主語を与える。

・Being ill, I stayed at home.

これは「自分が病気で家にいた。」の意味でなら正しい文である。もし，母親が病気で自分が家にいたならば Mother being ill, I stayed at home. というように，分詞節に mother という主語を明示しなければならない。このように，分詞の主語がなく，またその意味上の主語が主文の主語と一致しないとき，それを懸垂分詞と呼び嫌われる。例えば，「式（2）を式（1）に代入すると，式（1）は ... となる」という日本語に違和感はないが，これはそのまま

・Substituting Eq.(2) into Eq.(1), Eq.(1) becomes ...

という英文にすることはできない。代入するのは we で the expression (1) ではないからである。つぎのようにいえば問題はない。

・Substituting Eq.(2) into Eq.(1), we obtain...

このように日本語で考えているとまったく問題はないのに，英語にすると懸垂分詞になるものは結構あるので，注意が必要である。懸垂分詞構文は英語話者にとっても間違えやすいものらしく，英語話者（English native speakers）向けの科学論文の書き方教本などにも必ず説明がある。native speaker でも間違うのだから，日本語話者にとって難しいのは当たり前である。

科学論文でよく出る懸垂分詞は based on ...（「～に基づいて，～に基づけば」の意で過去分詞の分詞節を作る）と using...（「～を使って」）である。つ

ぎの文では based on the evidence と using a Wehrtopt altimeter が懸垂分詞節になっているので，よくない文である。

・*Based on* the evidence, the cause of the accident is mechanical and not chemical.〔誤，文献 11）に示されている誤用例〕

「証拠に基づけば，事故の原因は化学的なものではなく機械的なものである。」証拠に基づいているものは事故の原因を機械的とする「結論」や「決定」であり，「事故の原因」ではない。

・The city was surveyed *using* a Wehrtopf altimeter.（誤）

「市はベールトップ高度計を用いて測量された。」高度計を使ったのは「市」ではない。

これらは例えばつぎのように直すことができる。

・The decision, *based on* the evidence, was made that the cause of the accident is mechanical and not chemical.〔正，文献 11）に示された修正例〕

「証拠に基づき，事故の原因は化学的なものではなく機械的なものという決定がなされた。」

・The city surveyor *used* a Wehrtopf altimeter.（正）

「市の測量師はベールトップ高度計を使った。」

厳密にはこのように書かなければならないのだろうが，発表された論文を読んでいると現実には，懸垂分詞になっている based on ～や using ～をしばしばみかける。一つの論文に based on ～や using ～を含む懸垂分詞が複数回使用されているのも見たことがある。これらが誤りとして Editor（おそらく英語のネイティヴ）の目に止まらなかったことを考えると，based on ～や using ～に関してはあまり多用しなければ，神経質になり過ぎることもないといえそうである。concerning ～「～に関して」や considering ～「～を考慮すると」がいまは前置詞とみなされるように，これらも前置詞化しつつあるのかもしれない。ただし英語のノンネイティヴとしては，いまの段階ではこれらは誤用だと知っていたほうがよいであろう。

1.4.2　無生物主語および受動態－Inanimate Subject and Passive Voice－

日本語を英語に直訳したり，日本語の発想で英語を書くと１人称の we や I の文が多くなる。しかし科学論文も含めて学術論文では we や I を避けるのが原則である（もちろん 100％禁止，という意味ではなく，ジャーナル論文なら２～３回ぐらいに止めておいたほうが無難という意味である）。１人称を多用しないための方策は二つある。無生物主語の文にすることと，受動態を使うことである。特に無生物主語は日本語ではあまり使わず，意識的に考えないと思いつかない構文である点で難しい。

〔**1**〕 **無生物主語文**　　1.4.1 項で挙げたつぎの懸垂分詞構文を考える。

・Substituting Eq.(2) into Eq.(1), Eq.(1) becomes ...

先ほどは主文のほうを，we obtain ... と直したが，無生物主語文を使うとつぎのように単文で簡潔にいうことができる。

・*Substituting Eq.(2) into Eq.(1)* leads to .....

lead to... は無生物主語文で使いやすい動詞なので覚えておきたい。この lead to のように科学英語において無生物主語とよく使われる動詞，文型があるのでつぎに例として挙げる。

・This method *introduces* no error.

「この方法は誤差を生じない。」

・This change *causes* uncomfortable vibrations.

「この変化は不愉快な振動を引き起こす。」

どちらも無生物主語の this method, this が因果関係の「因」を表す。因果関係を表したいときは無生物主語を使うことを考えよう。

・Figure 1 *shows* the relationship between the stiffness and the deflection of the spring.

「図１はばねの力と変位の関係を示している。」

・Figure 2 *depicts* the actively controlled driveline system.

「図２は能動的に制御された駆動系を示す。」

これらの文は日本語的発想では，まず In Figure 1, we can see ... などとしたいところであろうが，「図 1」そのものを主語にしたほうが簡潔で英語らしい文が書ける。

〔2〕　受　動　文　　無生物主語文と同じように，無生物主語の受動文は科学論文によく用いられる。例をつぎに挙げる。

・In this paper, the Krylov - Bogoliubov method *is used* ....

「この論文では，クリロフ・ボゴリューボフの方法が使われており…」

・Flexible rotor-bearing systems *have been analyzed* by different methods.

「弾性ロータ・軸受系が異なった手法で解析されている。」

・Amplitude P versus the shaft speed *is examined*.

「軸の速度に対して振幅 P が調べられている。」

・Two important factors *have not been included* in the previous research.

「先の研究には二つの重要な要因が含まれていない。」

・The equations *are obtained* ...

「式が得られた。」

・It *is found* that ...

「…ということがわかった。」

科学論文は受動態ではない無生物主語文（〔1〕項で見たようなもの）と無生物主語の受動文でほぼ成り立っている。人称主語は we か I，その他の生物主語は researchers が代表的で，introduction か conclusion に現れることが多いようである。上の例文の最後の文は conclusion で「... ということがわかった」というときの決まり文句のような表現である。

1.5　関連するその他の事項

1.5.1　同　義　語 －Synonyms－

論文を英語に訳すとき，同じような意味をもつ単語がいくつか思いうかぶ。また英和辞典を引くと複数の英単語が並んでいる。このような単語を同義語と呼び，この中からぴったりした意味をもつものを選ばないと妙な表現になる。例えば，「カナダは広い国です」は Canada is a wide country. ではなく Canada is a large country. としなくてはいけない。これは，wide は一次元の広さ（幅）を表す単語だからである。意味は日本語で把握するので，同義語の使用には前述の L1 interference の問題が起きやすい。similar ではあるが identical meaning をもたない単語群の中から最も適したものを選ぶためには，つね日頃できるだけ多く英語に接触して英語に対する「感性」を磨くことが大切である。また，英訳では，和英辞典を「引いて」（not “pull” but “consult” a dictionary. さすがにこの誤りはしないであろうが，これに似た状況はよく起きている），単語を「置き換える」のではなく，似た例文を「まねる」ことが必要である。

和英で選んだ単語を英英辞典で確認し，その上でネイティヴスピーカーに再確認できれば理想だが，実際にはなかなか難しい。そこで勧めたいのが，和英辞典を引いてこれと思う単語を見つけたら，もう一度，例文の多い英和辞典でその単語を引き直すことである。単語のもつ雰囲気を全体の説明から判断し，適切だと判断できればそこに書かれている例文を利用する。また，同義語辞典を購入し，頻繁に使いそうな項目の意味や用例をカードにしておくことも有効である。同義語辞典（残念ながらニュアンスの違いを説明する英和同義語辞典というものはない）としては

“Webster’s New Dictionary of Synonyms”

“The American Heritage Dictionary of the English Language, 3rd edition”（synonym に関する説明が詳しい）

がある。また収録語数は少なめだが，ニュアンスや用法の違いが載っている

“Longman Language Activator”

も勧められる。日常語であれば辞典ではないが

“Choose the Right Word : A Contemporary Guide to Selecting the Precise Word for Every Situation” (by S.I. Hayakawa and E. Ehrlich)

が参考になる。以下に，技術論文などでよく用いられる表現について，

synonyms の例を挙げておく。

○**「～する」の意味を表す同義語**　**do** は最も一般的な表現である。

・We *did* an experiment.

「実験をした。」

・It is Jim's turn to *do* the dishes.

「皿洗いはジムの番だ。」

perform は，努力，熟練を要する仕事や儀式をする場合に用いる。

・He *performed* a surgical operation.

「彼は外科手術を執刀した。」

・I am just *performing* my duties.

「私は職務を遂行しているだけだ。」

conduct は，情報を得る目的あるいはなにかを証明する目的でする場合，または指図して行う場合に用いる。

・The experiment was *conducted* with the three monkeys.

「実験はその三匹のサルを使って行われた。」

・The police *conducted* a fair investigation.

「警察は公正な調査を行った。」

execute は，命令を遂行する場合に用いる。または難しい技などをする場合にも用いる。

・He *executed* an order.

「彼は命令を遂行した。」

・The dancer *executed* the routines well.

「ダンサーはルーティンをうまく踊った。」

「実験をする」というときは do でもよいが，conduct を用いるとあらたまった口調になる。conduct と experiment は一緒に使われることが多い。ある名詞と使われる動詞はしばしば固定されており，例えば experiment（実験）に do と conduct は使えるが，execute は普通使わない。conduct と experiment のように結びついている名詞と動詞を連語（コロケーション；collocation）という。同義語のそれぞれのニュアンスの相違を覚えるのもよいが，科学技術論文で頻繁に使われるコロケーションを覚えたほうが効率的で使える英語の知識になる。conduct は investigation（調査，取り調べ），survey（アンケート調査）ともコロケーションをなす。

○**「～を扱う」の意味を表す同義語**　**deal, treat** は学問的にとり扱ったり，論じるときに使う。この 2 語はほぼ同じ意味である。

・This paper *deals with* (*treats*) vibration problems.

ただし treat には「患者の手当てをする」や，「薬品などで処理する」という意味もある。また本や論文の主旨を述べる場合には **discuss** も使える。上の例文は

・This paper *discusses* vibration problems.

とも書ける（discuss は他動詞である）。

○**「～と一致する」の意味を表す同義語**　一致の種類や程度もいろいろある。

agree は最も一般的な表現である。

・The experimental result *agrees* with the theoretical result.

「実験結果は理論上の結果と一致する。」

coincide は，時や場所が一致する，あるいは exact agreement を意味する。

Reveal the secret.

・His birthday *coincides* with my birthday.

「彼の誕生日は私の誕生日と同じだ。」

・His opinion *coincides* with mine.

「彼は私と同じ意見だ」なお「同一意見」は identical opinion という。

○「～を明らかにする」の意味を表す同義語　**clarify** は「明確にする」という意味で，論文では最も使いやすい。

・His theory *clarified* the mechanism.

「彼の理論はそのメカニズムを明らかにした。」

elucidate は闇に光を当てるという感じがある。書き言葉的で難しい問題を明解に説明するという語感をもつ。

・... a clue that *elucidates* the mystery

「謎を解明するかぎ」

・The studies *elucidate* the history of alcohol problems in men.

「その研究は，人類におけるアルコールの問題の歴史を解き明かす。」

reveal は暴露する，あるいは姿を現すの意味である。

・I *revealed* a secret.

「私は秘密を暴露した。」

・The telescope *reveals* many distant stars.

「望遠鏡は多くの遠い星を明らかにする。」

○「示す」の意味を表す同義語　**show** は中立的で意味の偏りのない動詞で，名詞，that 節の両方で使用が可能である。

・The latest figures *show* a rise in unemployment.

「最新の数字は失業の増加を示している。」

・Studies *have shown* that consumers are buying more organic produce.

「研究は，消費者が有機生産物をより多く買うようになっていることを示している。」

demonstrate はあることを明確に証明しているときに使う。名詞，that 節の両方で使用が可能である。

・The study *demonstrates* the link between poverty and malnutrition.

「その研究は，貧困と栄養不良との明らかな関連を示している。」

・Scientific evidence *demonstrates* that smoking can cause birth defects.

「科学的証拠は喫煙が赤ん坊に障害を起こすことを示している。」

exhibit は目にみえるような形であるものの性質などが現われているときに使う。名詞の目的語をとり that 節での使用はできない。

・Some of the patients *exhibit* aggressive and violent behavior.

「患者の中には攻撃的で暴力的な行動を示すものもいる。」

○「正確さ」の意味を表す同義語　**accuracy** も **precision** も「正確さ」を意味するが，accuracy は測量がどれだけ正しくなされたかを基準にする「正確さ」である。一方，precision は得られた値がどのくらい細かいかに対する「正確さ」，すなわち「精密さ」である。よって数値の 5.43 は 5.4 よりも **precise** であるが，より **accurate** とはいえない。

・The number 5.43 is more *precise* than 5.4, but it is not necessarily more *accurate*.

・This watch is not *accurate* because no one can adjust this old *precision* instrument.

○「継続的な」の意味を表す同義語　**continual** と **continuous** は非常に紛らわしい。最も一般的に考えられている違いは，継続の形態で，継続しているものに pause が入るか，まったく入らないかであるようだ。continual はその動作や出来事が短時間止まることがあるが，continuous なものは一切とぎれない。日本語で考えるなら，continual は「断続的に」続くもの，continuous は「間断なく」続くもの，という感じである。

・The *continual* news about the terrorism scared many Americans.

「テロリズムについて繰り返されるニュースは多くのアメリカ人に恐怖を与えた。」

・The *continual* buzz of small planes kept us awake all night.

「小型機のブンブンいう音で一晩中眠れなかった。」

・We are proud of our *continuous* improvement in customer service.
「われわれはお客さまへのたえまないサービス向上を誇りにしている。」
・I was amazed at the *continuous* flow of people from the Shibuya Station.
「渋谷駅からのたえまない人の流れに驚いた。」

1.5.2 話し言葉と書き言葉 −Spoken and Written English−

英語でも，当然話し言葉と書き言葉がある。論文に口語を混ぜれば，意味は通じても格調が下がる。以下に話し言葉と書き言葉の相違点を 4 点列記しておこう。

（i） ゲルマン系語彙（い）は口語的であり，論文にはラテン系語彙を使う。

日本語でも例えば「作る」と「作成する」，「着く」と「到着する」，「形」と「形態」というように和語と漢語を使い分けて文章の高尚さを出すことをする。英語でも同じような語彙の二重構造とも呼べるものが存在する。日本語の和語にあたる英語がゲルマン系（アングロサクソン族）の語彙で，これらはもともと英語にあった言葉である。対応するラテン系の語彙は日本語における漢語と同じく，英語に輸入された言葉である。ゲルマン系の言葉を多用すると稚拙な印象の文になってしまう。表 1.1 に単語の例をペアで挙げる。

どの単語がどちらの出生のものかの判断は，語源辞書を調べるのが確実だが，語彙力をつければ，勘が働いて見当がつくようになる。ラテン系語彙を必ず使うべきということでもないが，自分の分野の論文でよくみかけるラテン系語彙は覚えて，使用するようにするのがよいだろう。

（ii） 熟語よりも一語のほうが論文口調となる。

英会話には句動詞（動詞と前置詞が一緒になり一つの動詞のような働きをするもの）など，組合せの言い方がとても多く出てくる。その中には一語一語を知っていても全体の意味が推測できないものがあり，それらは慣用句と呼ばれて，学習者はいちいち覚えなければならない。しかし書き言葉では，熟語よりも一語でずばりということが好まれる。口語的な表現と書き言葉的（文語的）な表現を表 1.2 で対比させてみよう。

表 1.1

ゲルマン系	ラテン系	意　味
ask	inquire	「尋ねる」
build	construct	「建てる」
buy	purchase	「買う」
dead	deceased	「死亡した」
enough	sufficient	「十分な」
give	impart / provide	「与える」
hide	conceal	「隠す」
last	final	「最後の」
live	inhabit	「住む」
try	attempt	「試みる」
rise	ascend	「上る」
say	state	「いう」
seem	appear	「ようだ」
shrink	reduce	「縮小する」
way	method	「方法」
write	describe	「書く」

表 1.2

口語的	文語的	意　味
a lot of	much / many	「多くの」
blow up	explode	「爆発する」
break down	collapse	「壊れる」
carry out	conduct	「行う」
go down	decrease / lower	「減る，下がる」
go in	enter	「入る」
go up	increase / rise	「増える，上がる」
keep going	continue	「続ける」
look for	seek	「さがす」
look into	examine	「調べる」
look up	consult	「(辞書等を）引く」
make out	understand	「理解する」
stand up	rise	「立ち上がる」
start again	resume	「再び始める」

句動詞辞典があるくらい，動詞の熟語は多い。中には熟語でしかいえないものもあるが，一語の表現が可能なら一語を使おう（その場合には1.3.3項で解説したように，他動詞か自動詞かを必ず確認すること）。

(iii) 短縮形を使わない。

口語であれば，it's, what's, I've, can't などの短縮形を使うのが普通である。しかし論文では短縮形は使わないようにする。これは文の格調にかかわることである。科学論文やビジネス文書などの，あらたまった英語の文章にはどのような短縮形であれ避けるようにする（表1.3）。

表 1.3

短縮形		短縮しない形	短縮形		短縮しない形
isn't	→	is not	hasn't	→	has not
aren't	→	are not	can't	→	cannot*
don't	→	do not	won't	→	will not
doesn't	→	does not	shouldn't	→	should not
haven't	→	have not	let's	→	let us

＊離して書くことはまれである。否定を強調するときのみ離し，普通は一語とする。

(iv) 冗長な表現より簡潔な表現を使う。

科学論文で大事なのは，自分の主張や実験結果を読者に理解してもらう，ということである。読む側はなるべく短時間で論文をきちんと理解したいはずである。そうすると書くほうは，あまりもったいぶって英語を書かないほうがよいことになる。多くの聴衆を前に演説をふるうときは，偉そうに話すことも必要かもしれないが，論文でそれをしては読者に迷惑がかかるだけである。ネイティヴ向けの論文書き方マニュアルにも，避けるべき表現と好ましい表現の対照表が載っている。それから少し表1.4に抜粋する。

これらのマニュアルには不必要な修飾語（形容詞や副詞）を使うな，というアドバイスが載っている。日本語はもともとストレートな表現が苦手な言語で，論文でも意味をぼかすようないい回しをする。英語でそれをしないように気をつけたい。

表 1.4

冗長表現	簡潔表現	意　味
a majority of	most	「ほとんどの」
a number of	many, several, some	「いくつかの」
are of the same opinion	agree	「同意見である」
as far as our own observations are concerned	we observed	「われわれの観察では」
at the present moment	now	「現在」
completely filled	filled	「充満した」
definitely proved	proved	「証明された」
future plans	plans	「計画」
goes under the name of	is called	「～という名前である」
in case	if	「～の場合」
in the near future	soon	「近い将来」
it has been reported by Jones	Jones reported	「Jones によって報告されている」
large amounts of	much	「多量の」
on the basis of	from, by, because	「～を根拠に」
results so far achieved	results so far, results to date	「いままでの結果」
there can be little doubt that this is ...	this probably is ...	「これが…であることは疑いがない」
two equal halves	halves	「二つの同じ半分」

1.5.3　大げさな表現，主観が入る表現－Exaggerated or Subjective Expressions－

よほどの発見ならともかく，論文の記述では，独り善がりの大げさな表現は避けるべきである。例えば

・This experimental result was *remarkably* conclusive.

は，つぎのように書いたほうがよい。

・This experimental result was *very* conclusive.

remarkably というのは「非常に」という辞書的な意味に加えて「書き手がすばらしいと思っている」という connotation（言外の意味）を含むので，客

観的な叙述に終始する論文には不適切だからである。程度を表す表現としては，slightly ..., quite...,very..., extremely... などは中立的な connotation をもっている。ある語がどんな connotation をもつか知るのは簡単ではない。辞書に説明がある場合もあるが，わからない場合もあるので，科学論文は主観的な表現を排除し淡々と事実を述べるという姿勢で書くことにより，不適切な英語を予防する。この辺は英語のネイティヴ，ニアネイティヴに最終的な確認が必要なところだが，英語を書く積み重ねの中で徐々にわかってくる。「非常に」，「大変」，「おおいに」などの程度の高さを示す語彙は，論文では基本的に避けたほうが無難である。

1.5.4 米語か英語か －American English vs. British English－

米語と英語には，文法，語彙，つづりに違いがみられる。米語式，英語式，どちらで書くにしてもどちらか一方で終始一貫することが重要である。混用が一番よくない。国際的なジャーナルは普通どちらかに統一されているが，ジャーナルによっては英国出身者は英語式で，英語が L2 の投稿者は米語式でと指示しているものもある。大英帝国の旧植民地の国々，インド，シンガポール，マレーシア，香港，オーストラリア，ニュージーランドは英国式英語である。また意外にもカナダも英国式のつづりを使っている。

米語と英語の文法の違いは会話では出やすいが，論文ではあまり表面化することがないので気にしなくてよいだろう。語彙も違いの出るのはつぎのように日常語が多い。

elevator（米）/ lift（英）; trunk（米）/ boot（英）; apartment（米）/ flat（英）;
mail（米）/ post（英）

しかし，科学用語やアカデミックな語彙ではほとんど違いはない。米語と英語で最も顕著に違うのがつづりである。そのおもな違いを知っておこう。

○語尾が z が米語式，s が英語式

analyze / analyse ; organize / organise ; recognize / recognise ;
summarize / summarise

○語尾が or が米語式，our が英語式

behavior / behaviour ; honor / honour ; humor / humour ; favor / favour

○語尾が er が米語式，re が英語式

center / centre ; theater / theatre

○動詞の l を重ねて -ing や -ed をつけるのが英語式

dialing / dialling ; dialed / dialled ; canceling / cancelling ;
canceled / cancelled

○その他

program（米）/ programme（英）; check（米）/ cheque（英）;
racket（米）/ racquet（英）

一般に，米語式のほうがより簡略されたつづりになっている傾向がある。

1.5.5 略語 －Abbreviations－

論文では，略語がよく使われる。その多くはラテン語からきているため，元の単語を知らずにうっかりと省略のピリオドをつけてしまったりするので注意が必要である。論文で使われる略語をつぎに挙げて解説する。

○ラテン語から発生した略語

〔cf.〕　「比べよ（= compare）」の意味で用い，ラテン語の *confer* の省略形である。

〔e.g.〕　「例えば（= for example）」の意味で用い，ラテン語の *exempli gratia* の省略形である。

・There are several gases in the atmosphere : *e.g.*, oxygen, nitrogen, and hydrogen.

〔et al.〕　「その他（=and others）」の意味で用い，ラテン語の *et alii* の省略形である。et にピリオドをつけないのは省略形ではないからである。文献引用などのとき，複数の共著者を省略するときなどによく用いる。

・Theoretical advances have been made by Vance(1982), Booker *et al.*(1983), and Nataraji and Nelson(1990).

「理論的発展は，Vance(1982), Booker ら（1983），Nataraji と Nelson(1990) によってなされた。」

〔etc.〕　「など（= and so on)」の意味で用い，ラテン語の *et cetera* の省略形である。通常は and so forth (on) と読む。

・I visited many lakes, rivers, *etc.*

と前にコンマをいれて用いる。なお，..., rivers, and etc. と etc. の前に and をつけるのは誤りである（*et* = and の意味だから重複する）。また ..., rivers, etc.. のように文ピリオドをつけるのも誤りである。技術論文では and so on / and so forth より ,etc. を用いるほうがよい。

〔i.e.〕　「すなわち（= that is)」の意味で用い，ラテン語の *id est* の省略形である。読みは that is で前後にコンマを用いる。

・I wish I could fly, *i.e.*, fly like a bird.

「飛べたら，つまり，鳥のように飛べたらいいのに。」

〔NB〕　「注意（= note well)」の意味で用い，ラテン語の *nota bene* の省略形である。表の下に注をつけるときなどに使う。小文字で書かれたもの（nb)，N と B に終止符をつけたもの（N.B.）など，バリエーションがいくつかあるが，NB が最もよくみかける形である。英語で Note と書くこともあり，読みも note と読む。

〔viz.〕　「すなわち（= that is, namely)」の意味で用い，ラテン語の *videlicet* の省略形である。z は et の縮約記号。namely と読む。いまは英語の namely を使うほうが好まれる。

〔vs.〕　「～対（= against, in contrast to)」の意味で用い，ラテン語の *versus* の省略形である。訴訟やスポーツの対戦で用いる言葉で，新聞の表題などで

・Mariners *vs.* Yankees baseball game

と書かれる。科学英語では，図表中の説明にコンパクトに使うのはよいが，本文中では This figure shows a characteristic curve of the wave length *vs.* pressure. と書くのはやめて，… the wave length against pressure. ときちんと書くべきである。読むときは versus とラテン語のまま読む。

○Email 関連の略語　最近，Email が使われるようになり，そこでは新しい略語（英語を短くしたもの）も現れている。つぎのような略語も知っておくとよいだろう。

〔ASAP〕　「なるべく早く（= as soon as possible）」例えば，大切なメールを受けとったときには，つぎのような返事を出しておくのがエチケットである。

・Thank you very much for your Email. I will answer it ASAP.

〔FYI〕　「参考までに（= for your information）」

〔BTW〕　「ところで（= by the way）」

上記の例のように，その略語が本当に皆に常識となっていれば問題はないが，自分の仲間だけに知られているようなもので，長くて省略形を使いたい場合，論文ではつぎのようにする。

・In the following, we use the Krylov - Bogoliubov method (the KB method).

と書いておき，読者に括弧で以後使う省略形を示す。それ以後は the KB method で一貫すればよい。これは覚えておくと論文ですぐに使えるので便利である。

1.5.6 記号と数式 −Symbols and Mathematical Expressions−

記号や数式を用いるときの注意をいくつか説明する。

○記号はそれが示すもののなるべく近くに置く。

・the thickness of the plate, H.（誤）

と書いたとき，コンマがあるため，読み手には H が板を示す記号なのか板の厚みを示す記号なのかよくわからない。これに対して，H をそれが指すものの隣に置き

・The thickness of the plate H is 10 mm.

または

・The thickness H of the plate is 10 mm.

とすれば前者ではHがthe plateに，後者ではthe thicknessにかかることがはっきりする。ちなみに先の誤例でコンマがなければ，Hの最も自然な解釈はthe plateである。

○記号をそのまま文頭に書くことは避ける。

例えば

・p increases as the temperature rises.（誤）

は

・The pressure p increases ...（正）

とする。また，略号も同様である。

・Fig.1 shows ....（誤）

は

・Figure 1 shows ...（正）

と省略せずに書くようにする。

○等号は一つの文として扱う。

・If $a = b$, this triangle is an isosceles triangle.

1.5.7 ハイフンと音節区分 −Hyphen and Syllabication−

ハイフンには，つぎのような二つの重要な働きがある。

○複合語の要素間を結ぶ働き　結合されたものが見慣れなくて誤解を与える恐れがあったり，専門用語化した場合に用いる。

・forget-me-not（わすれな草）/ non-linear（非線形）/ Sturn-Liouville problem（スターン・ルービル問題）/ right-hand screw（右ねじ）

ハイフンがないと間違って解釈される恐れがあるときもハイフンで意味を明確にする。

・a small-car factory（小型車の工場）/ a small car-factory（小さな自動車工場）

○行末で一語がとぎれるときにそれらをつなぐ働き　最近ではワープロが

自動的に行末をそろえるのであまり意識しなくてもよくなったが，単語は勝手に切ってはいけない。

・(１行目) .... I am learning scienti-

(２行目) fic English. ....

は誤りで，つぎのようにする。

・(１行目) ...I am learning sci-

(２行目) entific English. ....

単語を切ってもよい区切りは，音節の区切りである。音節とは母音を一つ含み，ネイティヴがそれ以上小さくできないと感じる音の単位であるが，英語では音とつづりの関係がきわめて不規則なため，どこを音節とするかネイティヴでも判断に迷う。そのため辞書に音節の区切りが「・」で書いてある。scientific を辞書で引くと sci・en・tif・ic と書いてあるので，単語を２行にわたって書く場合にはこの「・」の位置で切ることになる。

1.6 英文をよくするためのアドバイス

最後に，一部はこれまで述べてきたことの繰り返しになるが，よい英文を書くためにはどのようにしたらよいかをまとめておく。

① 科学英語を書くことは技量（skill）である。練習すればするほど上手になるので，とにかく試行錯誤で書き続ける。

② よい英語（文体，語彙，論理的組立てなど）に対する言語感覚を身につけるために，可能な限り多く英語に接する（特に読みを通して)。

③ 日本語を書いてからそれを英語に翻訳するのはやめて，最初から英語で書き始めることをめざす（最初からは無理だが，練習でできるようになる)。

④ 日本語文から英文にするときは，主語を無生物にできないか考える。すなわち，日本語文の中に原因を表す副詞節や副詞句があったら，それを英文の主語にできないか考える。

⑤ 文のかなめ（core）となる動詞を中心にして文を組み立てる。

⑥ 長い文は避ける（短い文を書く過程で思考回路が明らかになる）。

⑦ 具体的な内容がない文を書かないようにする。1.5.2 項（iv）で見たような冗長な表現を使っていないか確認をする（日本語をそのまま英語にしようとすると，長い表現が多くなる）。

⑧ みえを張るのはやめる。科学論文で最も大切なことは，読者にその内容が理解されることだ，ということを忘れないようにする。

引用・参考文献

1）ジョン・イゾー（著），村上隆則（訳）：英文テクニカルライティング，マクミランランゲージハウス（2001）

2）杉原厚吉：理科系のための英文作法　文章をなめらかにつなぐ四つの法則，中公新書 1216，中央公論新社（1994）

3）鈴木進レオ，G. パーキンス：実践　英文エッセーを書く技術　パンチのきいた英文を書く，アルク（1997）

4）日本物理学会（編）：科学英語論文のすべて，丸善（1984）

5）原田豊太郎：例文詳解　技術英語のキー構文・キーワード活用辞典，日刊工業新聞社（1995）

6）原田豊太郎：理系のための英語論文執筆ガイド，ブルーバックス（B 1364），講談社（2002）

7）Journal の論文をよくするために，第 2 版日本物理学会誌（1969）

8）英文論文を書く，日本原子力学会誌連載記事，16 巻 5 号（1974）－ 21 巻 2 号（1979）

9）Hacker, D. : A Writer's Reference (4th Ed.), Bedford/ St.Martin's (1999)

10）Rubens, P. (gen. Ed.) : Science & Technical Writing : A Manual of Style., New York : Routledge (2001)

11）Style Manual Committee : Scientific Style and Format : The CBE Manual for Authors, Editors, and Publishers (6th Ed.), Cambridge University Press (1994)

12）Thomson, A.J., Maritnet, A.V. : A Practical English Grammar (4th Ed.), Oxford : Oxford University Press (1986)

13）Concise Dictionary of English Etymology., Oxford : Oxford University Press (1996)

14）http://homepage1.nifty.com/Mercury/ohoyamak/index.html#index『科学論文に役立つ英語』（2004 年 4 月現在）

2

科学英語と技術論文

2.1 は じ め に

科学の仕事は，基本的にはつぎの二つのことを含む行為と考えられる。一つは新しい知識を得るために日常行っている理論的・実験的研究であり，もう一つは国際的な学術雑誌に論文を投稿し，また国際会議で発表することによって学界に研究成果を報告することである。後者は前者に劣らず重要である。ある意味で，それは科学の成果を人々に知らせる職業上の一種の啓もう活動と考えられる。科学者と技術者によって得られた結果が，どの程度まで広められ，また理解されるかということは，この「啓もう」がどれほどうまくなされたかということに依存する。

いずれの国際会議においても，使用言語が英語であるということはすでに確立されているので，すべての研究者は，論文を投稿し，国際会議で発表するときには，必然的に英語を使うことになる。このことは，英語を母国語とする人たちにはよい論文を書くための障害にはならない。しかし，「外国人」，すなわち英語が第２，あるいは第３外国語である科学者にとって，これは多かれ少なかれ不利な条件である。それは，つぎの二つの理由に基づく。第１は，外国人の語彙数は，英語を母国語とする人の語彙数よりいくぶん少ないこと，第２は，英語圏以外では当たり前である思考形態が，英語圏の人にはわかりにくく，さらに困惑させるかもしれないからである（明らかに，逆も成立する）。

この障害を最小限にするにはどうしたらよいのだろうか。英語を母国語とする読者が，あなたのいいたいことを正しく解釈できるようにするためには，どのように英語を書き，話せばよいのだろうか。英語による完全な技術報告書を作るための，一般的な文体の約束と手引きは何であろうか。あなたが国際会議で話すとき，式と記号をどのように発音すれば正しいのだろうか。以下では，このような疑問について述べたいと思う。

一般的にいって，筆者がこのような内容について述べるのは最適ではないかもしれない。なぜなら，英語に十分精通しているとはいえないからである。筆者の第1言語はロシア語である。中学・高校ではスペイン語をならった。英語に関しては，モスクワ大学の学生のときに勉強し始めたにすぎない。しかし，筆者が仕事上で英語を使い始めてから約25年たち，その中でいくつかの経験をすることができた。さらに，科学英語を書くためのたくさんの優れた本と記事が出版されており，本章を書くにあたって，筆者はこれらのいくつかの本や記事を分析・勉強し，そして多くの重要な，また役に立つ，手引きとなるルールを発見した。したがって本章は，科学英語を書いたり話したりする「外国人」が犯しやすい共通的な間違いをとり除くのに役立たせるための重要な原則とルールを簡潔に説明する一つの試みであるといえよう。

最後に，つぎのことを述べておきたいと思う。筆者は航空宇宙流体力学の研究者であるため，この原稿で説明のために用いられている例文の多くは，筆者の専門分野の論文から引用されている。このことは，そこで使われている特定の専門用語に慣れていない読者に，難しいと思わせるかもしれない。しかし，それは深刻な障害にはならないと考えている。なぜなら，最も重要なことは内容の詳細を正確に理解することではなく，どのように表現しているかを知ることだからである。

2.2 一般的ルール

科学英語を書くときの一般的なルールから始める。これらのルールは，そのまま従えば，ある程度まで完全な講演と優れた科学技術論文を書くことができる唯一の解であると考えるべきではない。事実，技術論文を書くことは非常に難しい仕事であり，ある種の知識と資質を必要とする。したがって，この仕事に対する努力はつねに必要とされる。

一般に，よい技術論文は，つぎの特性を備えていなければならない。それは

① 独創性（originality）

② 正確さ（accuracy）

③ 客観性（objectivity）

④ 再現性（verifiability）

である。これらの特性はすべて欠くことができないものばかりである。しかし，非常に重要なもう一つの特性がある。それは

⑤ 読みやすさ（readability）

である。論文は，読みやすく，また理解しやすくなければならない。そうでないと，たとえ①～④の特性が備わっていても，論文の価値は著しく減少する。なぜなら英語を誤って用いると，その論文の優れた点に読者が気づかない可能性があるからである。以下に，英語で技術論文を書くときに心がけなければならない最も重要な二つの点について説明する。

2.2.1 簡潔に，短い文を書け（Be brief, write short sentences.）

〔1〕 文の長さ 特に英語を外国語として使う人たちには，本節の表題である「簡潔に，短い文を書け」はかなりよいアドバイスであろう。外国人によって書かれた英語は，流暢（ちょう）であるよりも明瞭（りょう）で読みやすいことのほうがはるかに重要である。非常に短い文が使われたとき，とぎれとぎれでむらのある文体となるであろうが，もし意味をとり違えると混乱を招きやすい流暢な文体より，意味が明瞭であることのほうが大切である。文は短くなればなるほど，間違いやあいまいさが生じる確率は小さくなる。文のできを調べるよい方法は，何回かそれを読んで，同じかそれ以上の意味の明瞭さをもって，その文を短くできないかと考えることである。文の最適な長さに関して，A. J. Jeggett 教授は論文「Notes on the Writing of Scientific English for Japanese

Physicists」[1)†]の中で，つぎのように述べている。

「もし文が40 wordsよりも長くなったら，少なくともセミコロン（；）を用いてそれを分割できないか真剣に考えるべきである。文の平均的な長さについては，20 wordsが目標とすべき適当な長さであり，15 wordsでもたぶん短すぎることはないだろう。いかなる場合でも，英語の文はきわめて限られた容量をもつシステムであるということを忘れてはならない。すなわちそれは2，3個の補助節ならば文中に含んでもよいが，そのときはこれらの補助節は文の構造の中にきっちりと組み込まれていなければならない。」

通常，長すぎる文は，従属節を用いることによって密接に関連した複数の内容を一つの文で表現するときに現れる。例えば，つぎの一節を考えてみよう。

・Compared with the Smagorinsky model, these newer models seem to be rather more plausible in explaining the turbulence mechanism in large separated flows by introducing an empirical damping function at the wall and a reduction by half of the model's constant with respect to the value predicted in the only case tractable analytically, i.e. isotropic turbulence following an infinite Kolmogorov cascade, although they may predict incorrect flow characteristics at low attack angles, as a result of the increased viscosity in the near-wall flow due to the damping function.

この文は非常に長く，88 wordsも含んでいる。さらに，この文ではつぎの

† 肩付番号は章末の参考文献番号を示す。

ようないくつかの異なった内容が結びついている。

① この新しいモデルは，大きくはく離した流れを説明するとき the Smagorinsky モデルより優れている。

② この優れている理由は，減衰関数を導入することによって，モデルの定数が半減したことである。

③ その軽減は，……に従っている等方性の乱れに対して解析的に予測された値に対してなされる。

④ しかし，粘性の増加に起因して，間違った流れの特性を予測する可能性がある。

これらのそれぞれの内容は重要であり，一つの文となる価値がある。それゆえ，もしそれがつぎのような一連の四つの短い文で書かれたならば，上述の一節はもっと読みやすく，また理解しやすくする。

・Compared with the Smagorinsky model, these newer models seem to be rather more plausible in explaining the turbulence mechanism in large separated flows. This is due to the introduction of an empirical damping function at the wall and a reduction by half of the model's constant. The reduction is done with respect to the value predicted in the only case tractable analytically, i.e. isotropic turbulence following an infinite Kolmogorov cascade. However, these models may predict incorrect flow characteristics at low attack angles, as a result of the increased viscosity in the near-wall flow due to the damping function.

〔**2**〕 **セミコロンの使用**　英語では，長い文を分割するときに使われる非常に便利な句読点「セミコロン」がある。セミコロンによる分割はピリオドによる分割より弱いので，分割された文の連続性をある程度維持できる。一方，それはコンマより強いので，接続詞を使わずに，強くはないが二つの文を結ぶことができる。

句読点であるピリオド（period [.]），コンマ（comma [,]），セミコロン（semicolon [;]）は分割の強さに違いがあり

（.）＞（；）＞（,）

の順番となっている。この関係は，つぎの例を見るとわかる。

・In this conference, we have many guests as follows : representatives from Washington, USA ; Paris, France; ... ; and Tokyo, Japan.

科学英語では，セミコロンは特に重要である。というのは，著者がより明確な形で文を構成することを可能にするからである。セミコロンの代わりにピリオドを使うことはできるが，それは文をとぎれたものにするだろう。関連する独立な節が一つの文の中に現れたとき，それらは通常コンマや接続詞（and, but, or, ...）で結ばれる。接続詞は節と節の間の関係を表す。もしその関係が接続詞がなくても明らかであれば，セミコロンを使って節を結びつけることもできる。

二つの部分からなる文の典型的な形として

・... , which ...,　あるいは ... , and this ...

がある。これらはセミコロンを使って，例えば

・... ; this (effect/result...) ...

と直すとよいであろう。例として，つぎの文を考えてみる。

・Note that the reference to nonviscosity refers to the absence of a turbulent viscosity in the model, *which* does not mean that the molecular viscosity has been removed from the governing equations.

この文では，which で始まる従属節は主節と密接に関連しているが，それは文を分割してもよいほど重要なことである。しかし，この場合，従属節は比較的短いのでピリオドを使う必要もない。このようなことから，セミコロンを使ってつぎのようにするとよい。

・Note that ... in the model ; this does not mean ... equations.

〔**3**〕 **コロンの使用**　　コロン（colon）の役目は，おもにそれ以後に続く語に読者の注意を向けることである。例えば

・In an environment with weak initial disturbances, the path to transition consists of three stages : i) receptivity, ii) linear eigenmode growth or transient growth, and iii) nonlinear breakdown to turbulence.

この例では，コロンは独立した節の後に置かれ，リストに注意を向けさせている。コロンはまた，つぎの例にみられるように，引用した内容に直接注意を向けるためにも使われる。

・Consider the definition of turbulence proposed by Taylor in 1937: "Turbulence is an irregular motion which in general makes its appearance in fluids, gaseous or liquid, when they flow past solid surfaces or even when neighboring streams of the same fluid flow past or over one another."

二つの独立した節の間にコロンが使われるとき，通常は2番目の節は1番目の節をまとめる，あるいは説明していることを意味する。つぎがその例である。

・Eddies overlap in space : Large eddies carry smaller ones.

なお，コロンの後に単語が列記されるときは小文字で始まるが，独立した節が使われるとき，それは大文字で始まることに注意してほしい。

2.2.2　正確で，あいまいさをなくせ（Be precise and unambiguous.）

〔1〕　あいまいな表現を避ける　　科学論文においては，それぞれの文は，そこまでに書かれた知識をもって理解できなければならない。これは，一連の考えを，きわめて明瞭に述べなければならないことを意味する。たとえそれがやや不自然に思えても，できるかぎり明確に表現してほしい。例えば，あなた自身の考え以外にいろいろな解釈を読者ができるようにと期待して，あなたの意見をはっきりしない形であいまいに述べたとしても，読者はそうは解釈してくれないであろう。このような表現はあいまいな思考の徴候であると考え，読者は単に自分の考えに確信がもてないからだと結論づける。文のあいまいさは，科学英語ではけっして許されない。ある文を書いたときには，「この文は正確になにを意味しているのか。」，また「自分がこれまでに書いたことと関連はあるのか。」と自分自身に繰り返して問いかけてほしい。もしこれらの質問にはっきり答えることができなければ，この文をもっと明確な形に書き換える

か，あるいはそれを論文から完全に削除するほうがよいであろう。例として，つぎの一節を考える。

・Since this method is *not conservative*, the shock wave velocity is *not accurate*. However, no significant oscillations are found, as seen from Figure 1, thus these artificial viscosity terms *also work well* as numerical diffusion for this method.

この著者は自分の意見を非常にあいまいに述べているので，読者はその手法がよいか悪いか理解するのは難しい。not conservative, ... not accurate は否定的な特性をもっている。一方，...also work well... はその手法を肯定的に特徴づけている。著者がなにか考えを心にもっており，そしてたぶんわれわれもまたそれを知っていると期待しているだろうと推察できるだけである。あるいは，これがよい手法か否かを読者自身で決定するようにするため，このあいまいさを意図的に認めているとも考えられる。これもまた悪いスタイルの一例である。

〔2〕 代名詞の示す内容をはっきりと　同様に，which, this, it, あるいはこれらと似た単語を用いたとき，いつも「なんのことか」と自分に問いかけてほしい。これらの単語はつねになにか明確に定まったもの，さらにいえば，本文中ですでに述べたなにかを指し示す必要がある。つぎの例を考える。

・It is uncertain that the sound emission should be caused by the vortex breakdown in the wake flow or flow separation, though Lee has measured *its* frequency and found it less than the first fundamental frequency.

この文の悪い点は its の使用である。これは本文中に大きなあいまいさをもたらしている。読者はそれを frequency of flow separation あるいは frequency of vortex breakdown と受けとるかもしれないが，けっして frequency of sound emission とは考えないであろう。もちろん予備知識の程度によっていくつかの簡単な説明を省くことはあり得るが，明確さが不足しているより，アイデアを強調して表現するという共通のルールを守るほうがはるかに好ましいことである。

〔**3**〕 **意味のない不要な表現を避ける**　実質的な意味をなにも加えない節もまた避けるべきである。すべての節はある量の情報を含まなければならない。例えば

・This may be treated in *several ways*, ...

・This may give a very *definite picture*, ...

・This is helpful not only for ... but also for the examination of the effect from *various points of view.*

というような文は，この several ways を列挙し，definite picture を説明し，あるいは various points of view を議論するいくつかの文が続かねばならない。これらの文はけっして孤立してはならない。これらの孤立した文を明確であるべき議論に対して挿入することは悪い英語の兆候であり，避けるべきである。

科学英語の中で，evidently とか obviously という単語が非常にまれにしか使われない理由も同じである。例えば

・*Evidently* (or *obviously*), $F(z)$ is an analytical function.

といったとしよう。これはなにを意味するのだろうか。実際，これによりつぎの三つの状況のうちの一つを表すことができる。

① The fact that "$F(z)$ is an analytical function" is a really evident fact. このような場合，述べる内容を evident で確認する必要はない。だれも，Evidently two times two is four. とはいわないからである。

② We think we know that "$F(z)$ is an analytical function" is true but we do not know firmly why it is true. もしこのようなことだったら，evidently は当てはまらない。

③ The statement is true but its justification may be too complicated to be inserted in the text. このような場合もまた，evidently は正しい使い方ではない。適当な文献を引用するのが最もよいであろう。

2.3 技術論文の書き方

本節では，技術論文の一般的な形式について述べよう。それがどのようなものであり，またどのように構成されているかを示す。さらに，科学英語を書くときに共通するスタイルに関するいくつかのルールも紹介する。

技術論文は，一般的につぎの五つの部分から構成されている。

○表題，著者名，所属，キーワード

○概要

○本文（まえがき，実験手法や実験装置，データ，結果の考察，結論と謝辞など）

○文献リスト

○図と表

以下では，これらの項目について，順次説明する。

参考のため，技術論文の第1ページ目の例を図2.1に示す。

2.3.1 表　　題 − Title −

〔1〕 長さについて　「表題」は，論文の中で非常に重要なものである。なぜなら，それはジャーナルに目を通すとき，読者が最初に読むものだからである。表題は読者の第一印象を決め，その論文が読者の興味にあうかどうか，またそれを読むべきかどうかを考えさせる。したがって，表題は興味を引くものでなければならないし，また読みやすいものでなければならない。それは長すぎてはだめである。すなわち，表題の中で論文の概要を述べようとしないことである。その一方で，読者が表題だけを読んで，論文の内容についておおまかな把握ができるようにすべきでもある。このことは特に最近では重要になっている。なぜなら，多くのジャーナルは，多くの人が利用するWebサイト上で表題だけを記載するからである。したがって，表題はその論文が実質的にかかわっている分野を明瞭に示し，そして近い分野で研究している人たちに興味

Implementation of the Variational Riemann Problem Solution for Calculating Propagation of Sound Waves in Nonuniform Flow Fields

Igor Men'shov and Yoshiaki Nakamura

Department of Aerospace Engineering, Nagoya University, Nagoya 464-8603, Japan
E-mail: menshov@nuae.nagoya-u.ac.jp, nakamura@nuae.nagoya-u.ac.jp

Received July 10, 2001; revised May 29, 2002

The variational Riemann problem (VRP) is defined as the first variation of the solution to Riemann's initial-value problem, also known as the problem of breakup of an arbitrary discontinuity in a gas, when the initial data undergo small variations. We show that the solution to the VRP can be analytically obtained, provided that the solution to the baseline Riemann problem is known. This solution describes the interaction of two abutting parcels of small disturbances against the background of a given base flow and therefore can be efficiently implemented in numerical methods for aeroacoustics. When the spatial distribution of disturbances and base flow parameters are given at a time moment at mesh points of a computational grid, one can exactly determine the disturbance evolution for a short lapse of time by solving the VRP at mesh interfaces. This can then be applied to update disturbance values to a new time moment by using the standard finite-volume scheme. In other words, the VRP can be used in computational aeroacoustics in the similar way to the Riemann problem used in Godunov-type methods for computational fluid dynamics. The present paper elaborates on this idea and adopts the solution to the VRP as a building block for a finite-volume Godunov-type method for aeroacoustics.

Key Words: aeroacoustics; variational Riemann problem; Godunov-type numerical method.

1. INTRODUCTION

The present paper addresses the development of a novel numerical method for calculating propagation of sound waves in a nonuniform moving fluid. This method can be treated as an extension to the Godunov method [1], a well-known approach in computational fluid dynamics that efficiently employs the exact solution to Riemann's initial-value problem (RP) to approximate the numerical flux function at mesh interfaces. The RP, also referred

118

0021-9991/02 $35.00

図 2.1 技術論文の例

をもってもらえそうな点を示すことが望まれる。この観点から，表題は短い内容梗概としての性質ももたなければならない。数 words で構成されるような短すぎる表題は，技術論文ではあまりみかけない。非常に短い表題は，例えば

・On Sound Generated Aerodynamically

・Proof of Fermat's Theorem

・Nuclear Resonance Phenomenon

のようになにか基本的なアイデアを紹介したり，よく知られた問題を解いたり，新発見を述べたりするようなやや古典的な論文の特徴である。したがって，非常に重要であることを意図的に書く論文でなければ，短い題目は避けたほうがよい。表題の平均的な長さは，8 ～ 12 words が目標とする適当な長さであるが，15 words でも場合によっては長いとはいえない。

〔2〕 **表題中の大文字と前置詞**　表題では，上記の表題の例のように各単語（接続詞，前置詞は除く）の最初の文字は大文字で書かれる。また，本文中では，例えば The proof of Fermat's theorem is explained. のように書かれるが，表題となると先頭の定冠詞 The が省略される。さらに，上で示した表題の最初の例の前置詞 On は，特に最近では書かれないことが多い。

〔3〕 **研究者の名前と所属**　研究者の名前と所属の書き方も重要である。なぜなら，世界中のその分野に関係のある読者は，研究のより詳細なデータを得るために研究者に連絡をとりたくなる可能性があるからである。これに関する情報は明瞭に，かつ正確に与えられなければならない。したがって，イニシャルを用いた名前の短縮表記は避けるべきで，姓とその他のイニシャルとともに書く名前（first name）は略さずにすべて書くべきである。例えば

・Igor Men'shov, Yoshiaki Nakamura, Han Ping Chen.

と書く。こうすれば，同じ姓をもつ研究者の間の混乱を防ぐことができる。

〔4〕 **キーワード**　キーワードは，ある特別なデータベースを検索して，興味のある分野の関連した論文をさがすときの手助けのために加えられる。また，これらのキーワードは，論文の基本目的を浮かび上がらせ，読者がこの論文を興味あるものかどうかを理解するのに役立つ。したがって，その論文が適

切な読者に到達するために，キーワードは注意深く選ばなければならない。

2.3.2 概　　要 − **Abstract, Synopsis** −

「概要」の目的は，読者になる可能性の人たちに，その論文がなにについて書かれているのかを示し，またこの研究を行うために用いてきた方法・データ・実験装置などを正確に明らかにすることである。もし新しい理論・方法・実験がその論文で呈示されているならば，その理論の特徴はそれに関連する応用とともに明確に述べなければならない。概要は簡潔で明瞭であるべきで，普通 200 words 以下で，一つの連続したパラグラフの中に書かれる[2)]。概要は基本的に論文の内容を明らかにするものであるから，現在形を用いるほうが好ましい。また，概要を書くときには通常よく用いられているスタイルを守ったほうがよいであろうし，また１人称 I や We の使用は避けたほうがよい。

以下は概要の一例である。そこでは

① なにについて研究したか

② なにが明らかとなったか

さらに

③ その結果はどのように評価できるか

ということが述べられている。

・The vortex ... is analysed. The ＊＊-method is used in the analysis. ... It is clarified that the vortex is ... The analytical results agree well with the experimental result reported in the previous paper.

2.3.3 本　　文 − **Main Body** −

〔1〕 ま え が き (Introduction)　一般に，論文は「まえがき」から始まる。まえがきは，この論文がこれまでのどのような研究から生まれたのか，そしてこの論文の目的はなにかということを手短に述べることを目的とする。その問題の歴史的背景を述べ，そして関連する研究の現在の状況についても説明する。このとき，例えば

・A number of investigations have been carried out ...

・Several theoretical papers concerning ... have been published.

・The problem of ... is one which has received the attention of a large number of engineers.

などと書く。読者が，その論文の著者やその分野の他の研究者のこれまでの研究への糸口を見つけることができるように，過去の十分な文献を示す。もしそれが与えられたならば，そのまえがきは最近のレビュー記事としてきわめて重要なものとなる。問題の歴史，背景，現状を記述した後，現在の研究の重要性とオリジナリティを明確に示すべきである。まえがきでは，理論解析と実験解析で用いられている論理的流れを説明したり，その論文で用いられている解析方法とともに，前提と仮定についても述べることがある。また，まえがきの最後で，論文の構成について概説する著者もある。

〔2〕 **実験装置と方法（Materials and Method）** まえがきに続き，「実験装置と実験方法」を書く。この節は，他の研究者が，必要に応じて最初から最後まで困難なく再現できるのに十分な実験装置・手法・題材などに関するデータを含む。言い換えれば，この節は，読者が論文に書かれているのとまったく同じ方法に従って，原則的にその発見を再現できるようにするために書く。

〔3〕 **結　　果（Results）** つぎに「結果」に関する節を設ける。そこでは，実験や計算で得られたこと，新しい理論の特徴，新しい現象や効果などについて説明する。著者は自分のすべての結果を注意深く分析して，そこから新しい発見を明確に特徴づけるおもな結果を選ばなければならない。これらの結果を示すのに表や図を用いることもある。

ここで重要なことは，得られた結果の実証（verification）と妥当性の確認（validation）である。実証するということは，発見したことが実験装置，数値計算のやり方，実験データの処理などに関して誤りがないことである。著者は，自分が研究で用いた装置を基準問題（benchmark problem），あるいはよく知られた現象の測定に用いて，得られた結果がすでに正しいと認められているデータと一致することを示す必要がある。一方，妥当性（すなわち，論理上妥当であること）は，おもに理論的研究にかかわってくる。いかなる理論も，現実のことの近似にすぎない。理論がいかにうまく実際の現象を説明するかは，実験によって評価できる。したがって，理論的な論文の場合，その理論と実験結果を比較して妥当性を示すことが必要である。

〔4〕 結　　論（Conclusions）　「結論」では，その研究で得られた結果に基づいて著者が到達した内容を手短に書く。ここでは，その結果がよいのか悪いのかを，明確な形で述べるべきである。もし著者が自分の結論に絶対的に確信をもっているならば

・It is reasonable to conclude from this data that ...

のような結論の書き方は好ましいものではない。代わりに

・This data definitely demonstrates that ...

と単刀直入に書いたほうがよいだろう。

多くの著者は，読者が理解しやすいように，自分たちの発見したことを箇条書きにして表す。

〔5〕 謝　　辞（Acknowledgements）　結論のあとに謝辞が続く。ここで，著者はその研究を遂行するに際して助けてくれた人たちに感謝の意を表す。もしその研究が，ある機関あるいは政府などによって経済的に支援してもらったならば，つぎのように謝辞を書く。

・The author acknowledges financial support from a XXX fellowship of the United Nations.

・This work has been supported by XXX National project.

・Computer time at IBM SP machine at PDC, Stockholm is gratefully acknowledged.

謝辞を書くとき，それが二つのこと，すなわち，「だれに（to whom）」と「なにに対して（for what）」を含まなければならない。したがって，つぎのような表現をよく用いる。

・The author wishes to express his gratitude to Prof. A for fruitful discussions.

2.3.4 参考文献 －References－

参考文献も少なからず重要である。それは書かれている研究の背景を反映し，他の研究者と密接に関係する論文を含まなければならない。新しく出版された論文を調べるとき，読者は通常まず題目を見て，それから概要と結論を読み，その後に注意深く文献リストを調べる。この最後のことは，この論文がどのような分野に属するか，また読者がそれを読むべきかということを判断するときに役立つ。それゆえ，論文で引用する出版物は注意して選ばなければならない。引用する論文の数に特に基準はない。ほんの 2，3 の引用しかしないということは，その論文がまったく新しい発見をしたもの，新しい発展のパイオニア的な仕事をしたものであることを要求される。これはきわめてまれなことである。普通の技術論文は 10 ～ 20 ぐらいの論文を引用している。これが一般的なレビュー論文ならば，もっと多くの参考文献が引用される。

参考文献中に書かれる情報としては，著者名，ジャーナルの名前，出版社名，巻号の数，ページ数，発行年などがある。また，論文題目が書かれることもある。参考文献のリストのスタイルは出版社から指定され，それはジャーナルごとにかなり異なる。したがって，論文を投稿するとき，著者は出版社のガイドラインにきちんと従わなければならない。

すでに出版された論文だけを引用するのが通常のルールであるが，いくつかのジャーナルでは，文献リスト中に，出版されていない仕事，コメント，注意，あるいは個人的なやりとりの引用も認め始めた。Web サイト上のものも引用できる。この場合には，参照したものが載っているアドレスも文献リスト中に含めなければならない。

2.3.5 図 と 表 － Figures and Tables －

技術論文では，図，表，写真は，研究結果を簡潔に示し，手法や実験装置などを説明するために大切である。図は説明と発見したことの視覚化であるので，きわめて明瞭で，読者が容易に読みとれるものでなければならない。また，図は結果を立証するための関連情報と，本文に対応するものだけを含まなければならない。

図と写真を作るとき，記号，文字，線の太さに特別な注意を払う必要がある。図は論文として印刷されたときに縮小されるので，図の一部の詳細が非常に見にくくなることがある。図の縮小の程度と，記号の寸法と線の太さに関する指定はジャーナルごとに異なるので，原図を用意するときには，出版社によって決められたガイドラインに厳密に従わなければならない。

図と表に番号をつけるときの約束は，ジャーナルごとに異なる。しかし，共通するルールとしてつぎのことがある。図の説明文（caption）はつねに図の下側に置かれる（図 2.2 参照）。これに対して，表の説明文は表の上側に置かれる（表 2.1 参照）。本文中で図のことを述べるとき，「Figure」とその省略形である「Fig.」のどちらも使われる。例えば

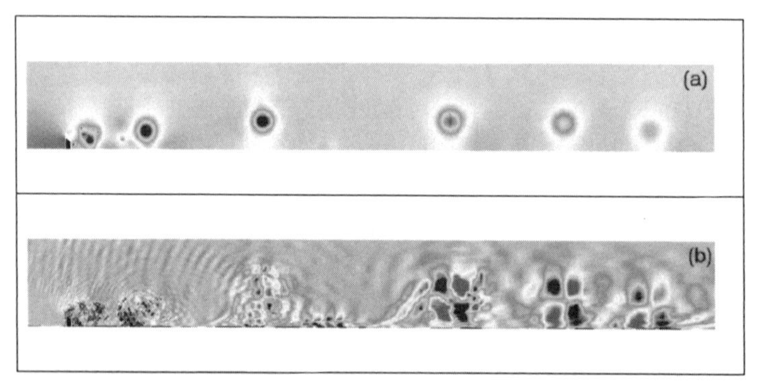

Fig.2.2 Results of the DNS for air flow with a Mach number M_∞=0.12 past a fence obstacle: (a)pressure field; (b)velocity divergence field.

図 2.2　図　の　例

表 2.1　表　の　例

Table 2.1 Species thermophysical constants

species	1 (N)	2 (O)	3 (NO)	4 (N_2)	5 (O_2)
e_o,kJ/mole	470.70	246.81	89.790	0	0
c_v	1.5	1.5	2.5	2.5	2.5
Ξ_{vib}, K	-	-	2740	3393	2270
Ξ_{el}, K	-	228	174	-	11390
G	0	0.6	1	0	0.666667

・As seen from Fig. 10, ... / As seen from Figure 10, ...

ただし，文頭のときは省略せずに

・Figure 10 shows that ...

と書く。これに対して，表の場合には短縮形は使わない。例えば，本文中で

・In Tab. 2, the experimental data obtained by ... (誤)

と書いてはいけない。正しい表現は

・In Table 2, the experimental data obtained by ... (正)

となる。本文中で図と表のことを述べるとき，固有名詞として扱われるので，先頭の文字は大文字で書かねばならない。例えば，本文中では

・It is seen in fig. 1. (誤)

とは書かず

・It is seen in Fig. 1. (正)

と書く。

図の位置は，ページの上側あるいは下側とする。なお，どちらかといえば上側のほうが望ましい。

2.4　技術論文の書き方に関する注意事項

以下は，技術論文の書き方に関する共通的な注意事項である。これらの注意は厳密なルールではないが，科学の学術論文集を少し眺めてみると，多くの人たちがそれらに従っていることに気づく。したがって，これらのルールは，科学英語を書くときの確立されたものと考えていいだろう。

(i)　文を書き始めるとき，非人称構造を避ける。

例えば，つぎの例では，前者は後者のように書き直す。

・It would therefore seem that this effect ...

→ Seemingly, this effect ...

・It would appear that this correlation is almost linear

→ Apparently, this correlation is almost linear.

とする。

（ii）　受動的表現は特別な理由がない限り避ける。

他動詞は能動態でも受動態でも現れる。能動態も受動態もいずれも文法的には正しいのだが，能動態のほうが，簡単，明瞭で効果的である。例えば，以下の例では，前者のような受動的表現は避け，可能ならば後者のような能動的な表現にする。

・It can be seen from this diagram that ...

→ This diagram shows that ...

・It may be inferred from these experimental data that ...

→ One can infer from these experimental data that ...

（iii）　可能ならば「There is」あるいは「There are」で始まる句は避ける。

例えば，以下の例では，前者は後者に直す。

・There are many people who believe that the sun goes round the Earth.

→ Many people believe that the sun goes round the Earth.

（iv）　全体として，いかなる技術論文も現在形で書くべきである。

これは，その技術論文の中で，前に書いたことをデータとして参照するときはいつでも現在形であるべきだということを意味している。例えば

・It has been shown in the previous section that Eq. (1) possesses a unique solution.（誤）

・Section 1 showed that this effect is negligible.（誤）

と書くのは誤りである。正しくは

・It is shown in the previous section that ...（正）

・Section 1 shows that ...（正）

と書く。これは，（時間的感覚としては）読者は，現在，論文全体を一つのまとまりとして読みながら一つひとつ著者の考えをたどっているという考えに基づく。同様に，論文の後に書いてあることも未来時制で書くべきではない。すなわち，つぎのような表現は誤りである。

・The derivation of this equation will be given in Appendix A.（誤）

正しくはつぎのように書く。

・The derivation of this equation is given in Appendix A.（正）

一方，結論の節では現在完了形や過去形の使用は認められている。例えば

・A new turbulence model *has been proposed.*

・The method *was compared* with three different situations.

また，すでに出版した論文で報告した内容を参照するときには現在完了形や過去形を使うことができる。例えば

・Previous works *has shown* that ...

・In a recent paper, it *has been pointed out* that ...

しかし，このような節の時制にもかかわらず，事実を引き合いに出すときにはつねに現在形が使われる。すなわち前述の文が現在形の節へと続いていく。

・Previous work *has shown* that the interaction between particles *is* weak.

（v）　人称代名詞の使用においてどのような種類の技術論文においても，1人称は用いないことが望ましい。

例えば，目標・目的などを書くときは定形表現に従ったほうがよい。つぎのような表現は避けるべきである。

・I suggest the method ...

・I prove the theorem ...

・In the present paper I develop an experimental approach to obtain ...

このような言い方は，出過ぎた感じがする。一方，複数1人称は，一人の著者の論文でも適切である。

・In the present paper we develop an experimental approach ...

この文は，暗黙のうちに著者が，他の研究者がなし得たいくつかの結果も用い，また自分の研究所で同僚との議論を通じて得られた結果も述べているということを意味している。複数1人称の使用は特に（教科書のように）教育の目的で書くときに有用である。例えば

・We prove this theorem by contradiction.

という文では，読者がその定理を証明する論理的プロセスにとり込まれ，そし

て証明の詳細を読者自身も行うことも期待されているということを意味している。しかし，二人以上の著者による論文の場合，一般には複数1人称で書くことは望ましくない。そのような場合には，著者らがいいたいことを表現するときでも非人称の文構造にしたほうがよい。例えば

・We carry out these calculations under the following conditions.

と書く代わりに

・These calculations are carried out under the following conditions.

と表現する。また，技術論文では，読者に直接話しかけることは避けたほうがよい。例えば

・You can see from this figure that the instability wave is clearly excited and is seen to grow exponentially downstream.

という表現は

・This figure shows that the instability wave ...

にする。

2.5　講演での記号・数式・図などの読み方

本節では，英語で書かれた数式と記号をどのように読むか，また英字以外の記号をどのように発音するか，さらに図や表をどのように説明するかということを解説する。

多くの研究者は，自分の研究を国際会議やセミナーで発表し，あるいは特別講義をするために定期的に外国へ行く。このようなプレゼンテーションをするとき，その研究者は特定の記号や表記法をどのように読んだらいいのかということにつねに注意しなければならない。もちろん最も簡単な方法は，単に記号や数式を示して，毎回，「これ（this）」や「この式（this formula）」ということである。しかし，このやり方は，聴衆を混乱させ，たとえ報告された結果が注目すべきものであったとしても，悪いプレゼンテーションという印象を与える。そのため，必要なときにはいつでも，記号や数式を正しく読まなければな

Mathematical expressions use arabic numerals.　Scalar variables and constants represented by a single letter are set in italics in equations and text. Abbreviations or symbols of several letters are set in roman type. ......

らない。

数式を読む厳密なルールは存在しない。事実，数学的表現を読む多くの方法と習慣が存在する。以下では，いくつかの標準的な読み方を紹介するが，けっしてそれらが唯一のものであるわけではない。なお，以下の例でもわかるように，物理量はイタリックで表す。

〔1〕　小数と分数（Decimals and Fractions）

12.035　twelve point zero three five

0.67　zero point six seven

$\frac{1}{2}$　a half (one half)

$\frac{1}{3}$　a third (one third)

$\frac{1}{4}$　a quarter

$\frac{1}{10}$　one tenth（分子は基数詞，分母は序数詞）

$\frac{3}{12}$　three twelfths（分子が 2 以上ならば分母の序数詞は複数形）

$7\frac{3}{5}$　seven and three fifths

$\frac{a}{b}$　*a* over *b* (*a* by *b*)

〔2〕指　数（Index of exponential functions）

a^2	a squared
a^3	a cubed
a^n	a to the power n (a to the n-th power, a to the n)
a^{-n}	a to the power minus n (a to the minus n-th power, a to the minus n)
$a^{-n/m}$	a to the power minus n by m (a to the minus n by m)
$\sqrt{a}$	the square root of a
$\sqrt[3]{a}$	the cube root of a
$\sqrt[n]{a}$	the n-th root of a

〔3〕関　数（Functions）

$\sin x$	sine x
$\cos x$	cosine x
$\tan x$	tangent x
$\cot x$	cotangent x
$\exp x$	exponential x
$\log x$	log x
$\log_a x$	log x to the base a
$\ln x$	natural log x

〔4〕関　係（Relations）

$m = n$	m equals n (m is equal to n)
$m \neq n$	m is not equal to n
$m \approx n$	m is nearly/approximately equal to n
$m \propto n$	m is proportional to n
$m < n$	m is less/smaller than n
$m \leqq n$	m is less/smaller than or equal to n
$m \ll n$	m is much smaller than n
$m > n$	m is more/greater than n

$m \gg n$	*m* is much greater than *n*
$m \geqq n$	*m* is greater than or equal to *n*
$m \to n$	*m* tends/approaches to *n*

〔5〕 上つき，下つき（**Superscripts, Hats / Subscripts**）

R_n	*R* subscript *n* (*R* sub *n*)
R^n	*R* superscript *n* (*R* super *n*)
R'	*R* prime (dash)
R^*	*R* asterisk (star)
$\hat{R}$	*R* hat
$\bar{R}$	*R* bar
$\tilde{R}$	*R* tilde

〔6〕 括　　弧（**Fences**）

( )	parentheses (open/initial and close/final)
[ ]	brackets
{ }	braces†
(x)	*x* in parentheses
∞	infinity

〔7〕 演　　算（**Operations and Operators**）

$a \pm b$	*a* plus or minus (plus-minus) *b*
$a \times b = c$	*a* times *b* equals *c* (*a* multiplied by *b* equals *c*)
$\frac{a}{b} = c$	*a* divided by *b* equals *c*
$\lvert x \rvert$	modulus of *x* (absolute value of *x*)
df	differential of *f* (directly '*df*')
$\frac{df}{dx}$	derivative of *f* with respect to *x* ('*dfdx*')
$\frac{\partial^2 f}{\partial x^2}$	partial second derivative of *f* with respect to *x*

† 数式において多重の括弧を使う場合には {[( )]} の順番で使う。例えば，$z=k\{a+b[c+d(x+y)]\}$ とする。日本とは習慣が異なるので注意する。

$\int_a^b f(x)\,dx$	integral of *f x* from *a* to *b*
$\iint, \iiint, \oint$	double, triple, and loop integral
$\sum_{m=1}^{N} x_m$	the sum of all *x m*, *m* runs from 1 to *N*
$\prod_{m=1}^{N} x_m^i$	the product of all *x m i*, *m* runs from 1 to *N*

〔8〕 図中の記号（Symbols in Figures）

———	solid line
- - - - - -	broken line
··················	dotted line
-·-·-·-·-	dash-dotted line
━━━	thick solid line
───	thin solid line
○	open circle
●	closed circle (solid circle)
⊙	circle with dot
△	up triangle
▽	down triangle
□	square
*	asterisk
×	cross

講演中に図を示したとき，それについてなんらかの説明をしなければならない。この説明は，通常三つの部分から成り立つ。まずはじめに，この図はなんであるか，またそれがなにを表しているか話す。例えば

・This figure shows the flow fluctuation amplitudes in an elliptic jet.

・This slide illustrates a schematic of type IV supersonic jet interference pattern.

・What you see here are Schlieren photographs and heat transfer rate along the body surface.

・Here, we have plotted the drag *Cd* as a function of Reynolds number *Re*.

・What we have here in this slide is the overall view of the apparatus used in the experiments.

・This figure presents acoustic amplitudes and phase velocities for M_{jet} = 1.45.

・The next slide shows the conclusion of this study.

つぎに，示されている図で使われている記号や仕様を説明する。例えば

・The solid line indicates experimental data.

・The asterisk denotes computed results.

・The *x*-axis indicates the stagnation temperature; the *y*-axis is used for the inflow Mach number.

・The residual is given in this figure in the logarithmic scale.

・This device is *x* cm long, *y* cm wide, and *z* cm high.

・The elliptic nozzle has an aspect ratio of 3:1.

・The exit area of the nozzle is 150 mm^2.

・The electrodes are located at azimuthal angles of approximately 45 deg, 135 deg, 225 deg, and 315 deg.

・Flow-field fluctuation measurements were made with a Disa Model 55D01 constant-temperature hot-wire anemometer system.

最後に最も重要な点を強調し，また聴衆の興味を引きそうな点に注意を向けながら，表示されたデータの説明を行う。

・As you can see, *z* has two distinguished peaks in the interval between −1 and +1.

・As shown here [*pointing*] the temperature increased monotonically as the Mach number decreased.

・At this point [*pointing*] temperature reaches a peak of Mach number ; the maximum is 600 K.
・This figure shows that the temperature remains constant at about 500 K.

2.6　論文の投稿と査読

論文原稿が完成したら，国際会議あるいは学術誌へ投稿することになる。両者について投稿と査読のプロセスは似ているが，一般に学術誌の場合は国際会議の場合より，厳しく査読が行われる。したがって，ここでは学術誌に投稿したときのプロセスを中心に説明する。

2.6.1　投　稿 − Submission −

〔1〕 学術誌の選択　まずはじめに，投稿する学術誌を選ばなければならない。論文の主題に関連する学術誌はいくつか存在するので，得られた結果を載せるのに最もふさわしい学術誌を選ぶことが重要である。一般的にいえば，分野的に関連が深く，国際的に知名度が高い，また多くのエンジニアや科学者に読まれる学術誌に投稿すべきである。その判断基準として，以下のことが挙げられる。

① 国際性（国際的な学術誌か日本の学術誌か）
② 知名度
③ 読者層（狭い範囲の専門家か一般的な研究者か）
④ 購読者数
⑤ 掲載される難易度
⑥ 掲載までに要する時間
⑦ 総合誌か専門誌か
⑧ 学術誌か商業誌か

などである。

例えば多くの学者の間で古くから懸案であった問題を解決した論文ならば，

国際的な知名度の高さに注目して選ぶべきであろうし，一方最近急成長している工業に関連する話題ならば，速報性に注目することが大切である。どうしても判断に迷うときは，同僚や指導教官の意見などを参考にして決めればよい。

学術誌に掲載される難しさを見積もるために Thomson Institute for Scientific Information（Thomson ISI）社が学術誌の順位づけと相対的評価のために提供している，ある定量的なツールを使用することができる。このようなツールの一つにいわゆる「インパクトファクター（impact factor）」がある。概して，学術誌のインパクトファクターとそれに掲載される前に行われる校閲の完全さ，厳しさとの間には相関がある。高いインパクトファクターをもつ学術誌に掲載されるためには，投稿論文は独創性，重要性，正確さなどの質的要因に関して非常に高いレベルを満たさなければならない。大ざっぱにいえば，このインパクトファクターは，その学術誌の中の「平均的な論文」が，ある特定の年あるいは期間に引用される頻度を反映している。しかし，インパクトファクターの計算法も限界があり，そのことが利用者に誤った印象を与える可能性があるということにも注意すべきである。この限界は，例えば，データを集める期間が通常は数年であり，また集める範囲はその学術誌に関係する特定の分野だけではなく，あらゆる分野にわたっているということに起因する。これは，最近話題となっている論文（hot papers）がインパクトファクターを変えてしまうという可能性があることを意味する。しかし，それでもインパクトファクターは投稿する学術誌の格式に対する大まかな評価を与えるために役に立つ。

〔2〕 **論文の送付**　論文を投稿する学術誌を決めたならば，投稿規定（guide to authors）を注意深く読まなければならない。通常，この投稿規定は，学術誌の裏表紙などに書かれている。原稿を準備するときには，投稿規定で指示されている体裁，字体，さらに文体に厳密に従うようにする。完成したら原稿をよくチェックし，いくつかのハードコピー（学術誌によって異なるが，通常は3～5である）と原稿の電子ファイルを入れたディスクを指定されたあて先（多くの場合，編集委員長か編集委員の一人）に送る。これらの資料

には，つぎのような内容を含む手紙を添える。

・*Please find the enclosed three copies of the manuscript by Igor Men'shov and Yoshiaki Nakamura titled "Implementation of ...Flow Fields" submitted for publication in the Journal for Scientific Science. Also enclosed are : 1) a disc with an electronic version of the manuscript* (*MS-Word 7 format*), *2)* ..., *3)*...,

論文の投稿時には（ときどき，校閲後のこともあるが），**著作権の譲渡**と**未投稿の確認**に関する書類も要求される。ほとんどの学術誌は，すでに発表された原稿は受理しないことに注意する。投稿規定にはつぎのようなことがつねに書かれている。「This paper has not been published nor submitted for publication, in whole or in part, either in a professional journal or as part of a book.」それゆえ，研究者は投稿論文の独創性に注意すべきである。

最近では，学術誌によっては，関連するWebサイト，あるいはEmailで原稿を送るように要求してくる。この場合，すべての要求された資料，すなわち論文原稿，手紙，書類などは適当な電子ファイルで用意し，それをWebサイト上のフィールドに送ったり，あるいはEmailの場合には編集委員への手紙に添付して送る。送ってからまもなくして，原稿とほかの資料を間違いなく受けとったとの確認の手紙が編集委員長から届く。もし長い時間がたっても著者になにも返事がこなかったならば，受けとったかどうか編集委員長に連絡をとるのがよい。

ここで国際会議での発表の場合について触れておく。論文の投稿に関する情報は，送られてくる特別な案内パンフレットやインターネット上の会議のWebページによって知らされる。通常，投稿のプロセスは学術誌の場合よりもやさしく，つぎのように行われる。まず1～2ページの講演概要（abstract）が要求される。これを送付状とともに，指定された締め切り日までに会議のオーガナイザに送らなければならない。そのあと著者は発表許可に関する手紙を受けとる。もし論文発表が許可されたならば，講演論文集（conference proceedings）に載せる論文をその締め切り日までに送る。

2.6.2 査　　読 – Review –

〔1〕 **査読のプロセス**　編集委員長は，必要な書類とともに論文原稿を受けとると，その内容が学術誌の分野に適合しているか否かを判断する。適していれば，複数（2名の場合が多い）の査読委員（referee）を専門家から選出して論文の審査を依頼する。査読委員は，独創性（originality），完結性（completeness of the work），表現の明瞭さ（clarity of the writing），文献調査（awareness of other relevant studies）などの観点から審査し，掲載の可否を判断する。もし，例えば2名の査読委員の意見が可否に分かれた場合には，さらに第3の査読委員（編集委員長自身がなることもある）が選ばれ，多数決によって可否が決められる。

査読はそのときの状況によって比較的長い時間がかかることもあるが，通常は投稿後，数週間から数か月の間に行われる。そして，編集委員長から査読委員のコメントとともに手紙を受けとる。そのコメントには，例えば「そのまま掲載可（Acceptable as it is）」，「掲載可だが訂正あるいは修正を要する（Acceptable but needed some revisions or modifications）」，あるいは「掲載不可（Unacceptable）」という審査結果が書いてある。通常，そのまま掲載可となる論文は少なく，査読委員のコメントとともに論文の修正を求められるか，あるいは掲載不可となる場合も多い。「そのまま掲載可」の場合は，著者は修正を要しない非常によい論文を書くことに成功したことを意味する。「訂正あるいは修正を要する」場合には，査読委員のコメントを十分検討し，必要な修正を行う。そして，査読委員の一つひとつのコメントに対してどの部分をどのように（そして，なぜ）訂正したか，またもし査読委員の意見が適切でないと思ったらそれに対する反論も含め，丁寧に答えを書いた手紙を添えて，修正論文をもう一度送る。このとき，以下の例文を参考にするとよい。

・*Thank you very much for your letter of March 5, 2003 together with the referee reports on our paper (Registration No. JVA-03-102). Please find the enclosed revision of the paper, which has been modified according the referee's remarks. For convenience I have described in a separate sheet the changes we made. I hope that we could fully address the points raised by the referees. I look forward to having your decision soon.*

修正した原稿はできるだけ早く送り返さなければならない。学術誌には，普通は論文を書き直すための期間がある。これを超過すると，その論文の状態は「投稿済み」から「新規」に変えられ，このとき著者はもう一度はじめからやり直さなければならない。

〔**2**〕 **査読委員は敵か味方か** 論文が「掲載不可」となり，そして査読委員のコメントが適切ではないと思ったとき，どのように対処したらよいのだろうか。この問に答える前に，まずつぎのことを理解してほしい。査読委員はその論文の内容と同じ分野の専門家から選ばれているが，専門がより深く，かつ細分化された結果，査読委員が必ずしもある特定の分野に詳しくなく，誤ったコメントをすることもあり得る。それゆえ，著者は査読委員のコメントを非常に注意深く検討しなければならない。査読委員に対してけっして怒らないでほしい。なぜなら，査読委員はけっして敵ではなく，あなたの論文をよくするための意見を述べてくれるアドバイザーであり，時間を犠牲にして，その学術誌をよくしようと努力している専門家であるからである。

残念ながら「掲載不可」となったとき（英語では，この場合「rejected」ではなく「not accepted」という表現をする），著者には三つの道が残されている。コメントを注意深く検討して反論するか，あるいはコメントを参考にして，原稿を修正してほかの学術誌へ投稿するか，もしくはコメントに納得して投稿をあきらめるかである。最終的にどのようにするかは著者自身の責任で決めることであるが，一般的にはいったん掲載不可になった決定を覆すことはきわめて難しいということを述べておきたい。

表 2.2 校正用記号（米国式）

Instruction	American marginal mark	American in-line mark	Corrected text
Delete	ɣ	the big paper	the paper
Close up	⁀	the pa per	the paper
Delete and close up	ɣ̂	the paaper	the paper
Restore deletion	stet	the good paper	the good paper
Insert in line	good	the paper	the good paper
Substitute in line	good	the bad paper	the good paper
Insert space in line	#	thepaper	the paper
Equalize spacing	eq#	the good paper	the good paper
Begin new paragraph	¶ [or] ∟	The good paper was accepted. The bad paper was rejected.	The good paper was accepted. The bad paper was rejected.
Run paragraphs together	no ¶	The good paper was accepted. The bad paper was rejected.	The good paper was accepted. The bad paper was rejected.
Move to the left	⊏	⊏ the paper	the paper
Move to the right	⊐	the paper	the paper
Center	ctr	⊐ the paper ⊏	the paper
Transpose	tr.	also is written	is also written
Lower case letter	lc	the Good paper	the good paper
Capitalize as marked	cap	the paper of taylor	the paper of Talylor
Set in boldface type	bf	the good paper	**the good paper**
Set in lightface type	lf	the **paper**	the paper
Set in italic type	ital	the good paper	*the good paper*
Set in roman type (upright type)	rom	the *paper*	the paper
Comma	⁀,	the paper which	the paper, which
Hyphen	=/=	well posed	well-posed
Parenthesis mark	(/)	paper Lee 1900 was	paper (Lee 1900) was
Slash	/	100 kmsec	100 km/sec

Proof marked for corrections

Definition of an ideal turbulence model

Turbulence modeling is one of three key elements in computational fluid dynamics CFD. Very precise mathematical theories have evolved for the other two key elements grid generation and algorithm development. By its Nature – in creating mathematical model that aproximates the physical behavior of turbulent flows – less far precision has been achieved in turbulence modeling. This is not really a surprising event since our objective has been toapproximate an extremely complicated phenomenon. The field is to some extent, a throwback to the days of *Prandtl, Taylor, von Karman* and the all many other clever engeneers who spent a good portion of their time devising engeneering approximations and models describing complicated physical flows. Simplicity combined with physical in sight seems to have a common denominator of the work of these great man. Using their work as a gauge an ideal model should introduce the minimum amount of complexity while capturing essence of the relevant physics. This description of an ideal model serves as the main keystone of this paper.

Proof after corrections

Definition of an ideal turbulence model

Turbulence modeling is one of three key elements in Computational Fluid Dynamics (CFD). Very precise mathematical theories have evolved for the other two key elements, grid generation and algorithm development. By its nature – in creating a mathematical model that approximates the physical behavior of turbulent flows – far less precision has been achieved in turbulence modeling. This is not really a surprising event since our objective has been to approximate an extremely complicated phenomenon.

The field is, to some extend, a throwback to the days of Prandtl, Taylor, von Karman and all the many other clever engineers who spent a good portion of their time devising engeneering approximations and models describing complicated physical flows. Simplicity combined with physical insight seems to have a common denominator of the work of these great men. Using their work as a gauge, an ideal model should introduce the minimum amount of complexity while capturing the essence of the relevant physics. This description of an ideal model serves as the main keystone of this paper.

図 2.3　校　正　の　例

2.7 校　　正

一般に，ジャーナルに出版される前に，著者は校正しなければならない。校正刷りではオリジナル原稿と比べて式と数値データに誤りがないか，つづりと句読点，パラグラフの分離，見出しの順序，文献の引用，図や表などが適切かなどについて注意深く比較しなければならない。また図や表が，本文中でそれが初めて説明される場所の近くに置かれているか注意する。この段階では，印刷会社のミスの修正だけが予定される。校正の段階では，内容の変更，文体の改良，新しい材料の追加あるいは削除をすべきではない。表2.2はアメリカで用いられている校正用の記号である。

校正の一例を図2.3に示す。上の図が校正をした原稿であり，その結果，下の図のように修正される。

2.8 ま と め

結論として，本章で説明した内容をまとめておく。

まず第1に，簡潔で明瞭であることである。すなわち，長い文を避け，書き

たいことや話したいことが短く，わかりやすい文の論理的なつながりによって与えられていることである。またこれらの文の結びつきが明瞭になっているとともに，本質的な内容で書き忘れていることがないかを確認することが大切である。

第2に，正確で，あいまいさがなく，明確であることである。すなわち，自分の意見をぼんやりと述べず，婉(えん)曲的な表現を避け，可能な限り断定的かつ明確にいうことである。

第3に，英文法のルールに従うことである。また受動態や従属節の使用は避けたほうがよい。

第4に，原稿をこれ以上改善の余地がないといえるまで，繰り返し読む。よい文章を書くことは大変な労力を要することと認識し，それを簡単に済まそうとしてはいけない。

最後に，できるだけ多くの科学に関する教科書と定期刊行物を読むことを勧める。それによって科学英語の標準的表現に対する勘を鋭くし，なにがよくてなにが悪いかということを見きわめる能力を高めることができる。

引用・参考文献

1）Leggett, A. J. : Notes on the Writing of Scientific English for Japanese Physicists, 日本物理学会誌，21巻11号，pp.790-805 (1966)
2）M. Barton : Some Comments on Writing Scientific Reports in English, 日本物理学会誌，22巻11号，pp.782-789 (1967)
3）E. P. Bates, P. S. Moss and K. Yamamoto : Be kind to Your Readers : How to Write Better Scientific and Engineering Papers, 理系のためのサバイバル英語入門，講談社（1996）
4）Hacker, D. : A Writer's Reference (4th Ed.), Bedford/St.Martin's (1999)
5）Style Manual Committee : Scientific Style and Format : The CBE Manual for Authors, Editors, and Publishers (6th Ed.), Cambridge University Press. (1994)
6）Day, A. R. : How to Write & Publish a Scientific Paper (5th Ed.), The Oryx Press (1998)（A.R. デイ著，三宅訳：はじめての科学英語論文，丸善（2001））

3

英語によるプレゼンテーション[†]

3.1 はじめに

つぎの学術講演からの短い抜粋を見てほしい。

“... Erm, if that occurred, er, I think it would be possible to say - well, the fact that, th- ... thi- ... this only, bare out-, only a bare outline might suggest it hadn’t been fully worked out, maybe an inference can be drawn that it shouldn’t be believed....”

あなたはこれを理解できるでしょうか。短く，また文脈上なにか情報が欠けているので，これを理解することは難しくなっている。それでも，この講演者は英語が上手ではなく，英語を話す自信がないということを十分感じるだろう。たぶん，この講演者は英語を母国語としていない人で，……，あ！きっと日本からきた若い機械工学のエンジニアに違いない！

いいえ，あなたは間違っている。これは最近出版されたAcademic English study skills CD-ROMから抜粋したものである。講演者は英語を母国語とする

How to give a successful oral presentation in English

Edward Haig

Graduate School of Language and Culture
Nagoya University

You do not need to speak

Perfect English

to make a successful presentation

† ページ下にある図は，講演会で用いた英文のスライドである（まえがき 参照）。

人（native-speaker）で，しかも彼は，英国最高の大学の著名な教授である。この抜粋は，講演（oral presentation）に熟達したネイティブスピーカーでも必ずしも完全な形の文を話さないということを示している。

もし本章からほかになにも覚えなくても，つぎのただ一つのことを記憶してくれることを希望する。それは

「**プレゼンテーションを成功させるために，完璧な英語を話す必要はない。**」

ということである。

本章でのおもな目的は，科学技術に関する国際会議で，どうしたら成功するプレゼンテーションを行えるかということについて，いくつかのアドバイスをすることである。

しかし，このような個別の内容に入る前に，一般的な二つのことについて少し話したい。その第1は国際的コミュニケーションのための英語の使用について，第2は地球規模の（global）言語としての英語の考え方についてである。

3.1.1　国際的コミュニケーションにおける英語の使用

近ごろ，グローバリゼーション（globalisation）について耳にするようになっている。しかし科学技術の世界では，ずいぶん前からそれが始まっていた。そして，科学技術におけるグローバリゼーションの一つの特徴は，研究結果を伝えるときに用いる言語にかかわっている。その言語は英語である。英語は，ほかのどの言語よりも多くの科学技術関係のジャーナルや国際会議で使われている。世界一流の科学者や技術者になるためには，もはや単に専門分野のことをたくさん知っているというだけ，あるいは英語で書かれている論文や専門書

Outline

- **Part 1** Introduction
- **Part 2** How to give a successful oral presentation
- **Part 3** Final remarks

The use of English for international communication

- English is the language of science and technology
- English is the language of globalization

を読むことができるということだけでは十分とはいえない。近ごろでは，自分の研究について，英語でコミュニケーションができなければならない。

大部分の日本の科学者と技術者は，英語で書かれた技術報告書を十分読むことができ，また多くの人たちは，学術的な英語をそれなりに書くことができる。たとえ，かれらがこのような能力に欠けていたとしても，論文をジャーナルに投稿する前に，謝礼を払って校正の専門家や翻訳者に頼むこともできる。しかし，英語でプレゼンテーションをしなければならなくなったとき，大きな困難にぶつかる。簡単にいえば，問題は，**だれもあなたの代わりにそれをすることができない**ということである。国際会議で聴衆の前で話さなければならなくなったとき，15 分，20 分，あるいは 40 分かもしれないが，あなたはだれも頼ることはできない。多くの英語のネイティブスピーカーにとってもこれは不安であるから，まして日本人である自分にとって，これは明らかにもっと大きな試練であろう。

筆者は 13 年間日本に住んで働いてきたが，日本人が英語を話すときに遭遇する特別な困難についてかなりわかってきた。だから，本章において，どうしたら国際会議で成功するプレゼンテーションを行うことができるかということについて，外国人の視点から，アドバイスをしたいと思う。しかし，それがどんなにたくさん，またどんなに役に立つものであっても，結局のところ，アドバイスを聞くだけでは完全なプレゼンテーションを行えるようになるという保証はできない。それは，よいプレゼンテーションを行うことは，知識そのものではなく，**技量**（skill）であるからである。身近な例を挙げれば，よいプレゼンテーションの仕方を学ぶことは，自転車の乗り方を学ぶことと似ている。自

It's up to you!
There is only one person who can give your presentation for you

Skill, not knowledge

- Giving a presentation is a matter of *skill* to be practiced rather than *knowledge* to be acquired.
- Learning to give a successful presentation is like … learning to ride a bicycle

転車の機構についての説明そのものは，自転車に乗ってペダルを動かすという簡単なことにも役立たないであろう。かなり長い間，身体全体と全神経を使って練習する必要がある。そして，練習の過程で避けられないことは，ときどき自転車から落ちてひざを擦りむくことである。しかし，ちょうど自転車があなたの身体をより速く，かつより遠くへ移動させることができるように，英語でプレゼンテーションができれば，あなたのアイデアと研究上の発見をより広い範囲へ伝えるであろう。

3.1.2　グローバルな言語としての英語

もう一つの話は，「グローバルな言語としての英語の政治学（politics of English as a global language）」と呼ばれていることについてである。最近，ネイティブスピーカーよりもっと多くのネイティブスピーカーでない人たちによって，日常的に，仕事と遊びの両面で英語が使われているということは注目に値する事実である。国際会議では，おそらく世界中からきた，英語でプレゼンテーションをする多数のネイティブスピーカーでない人たちに会う。これらの人たちはそれぞれ英語に関して固有の困難さをもっている。もちろん，それらのいくつかは個人的なものであるが，もっと一般的にいえば，かれら自身の文化や母国語が，かれらの英語の使用に「干渉（interfere）」した結果であるということがたびたび起きている。例えば，英語と日本語の違いに起因して，日本人は「r」と「l」の発音の区別，「a」と「the」の正しい使い方，さらに英語のイントネーションの型に対する旋律（melody）のつけ方などに関して特別な問題を抱えている。また，文化的に見ると，日本人にとってスピーチをす

1.2 English as a global language

- English is used by more people in the world who are *not* native-speakers of English, than people who *are* native-speakers
- Forget about Standard English
- Japanese-English is OK
- Don't be a perfectionist

るときに原稿を読むことは普通のことであるし，また公共の場では威厳と形式を重んじるので，英語を用いた会議では普通のスタイルである，のびのびした普段と変わらぬ話し方が不得意なようである。

英国あるいは北アメリカで使われている英語に基盤をおく「標準語」という概念は，現在では一般的に見当違いになってきている。それは，植民地主義の歴史からきた時代おくれの概念である。英国内でさえも，宗教的・民族的アクセントや方言に関して，以前は非常に差別があった。例えば，1930 年代の BBC ラジオの録音を聞いてみると，アナウンサーが使っている上流階級に属するロンドン在住の白人男性のアクセントに出会う。これらの放送は，英国の言語の多様性に対して，なんとわざとらしい限られたイメージを作ってしまったことだろう。しかし，最近では，英国社会が民主的で多様な文化をもつようになった実状を反映して，BBC はいろいろなアクセントのアナウンサーを採用している。いまでも大衆の言語として受け入れられるかどうかを区別する規準はあるが，幸いにも，それは人種差別や社会的紳士気取りからくるものではなく，知性と誠実さをもつための論理的規範に基づいている。

同様に，国際的な視点からみると，グローバルな言語としての英語の広がりは，英語を話すときの多様性がいっそう受け入れられるようになったことを意味している。そうであるから，いま，日本人が最も必要とすることは，ある特

国際会議（一般講演）の一コマ

殊な英国流あるいはアメリカ流スタイルの標準語をまねることに時間とエネルギーを浪費することよりも，日本人英語（Japanese-English）を用いて，あなたの考えを明確に表現する能力である。専門の言語学者としての観点からいえば，英語の多くの形態の一つとして，日本人英語は個性と興味ある特徴をもっており，それは他の形態よりも優れているとか，劣っているとかというものではない。ここで強調したいことは，日本人英語を恥ずかしがらないでほしいということである。日本人であり，話す英語の種類，用いる語彙，アクセント，イントネーションは，個人的な，職業上の，そして国民的なアイデンティティであり，グローバルな言語である英語の豊富ですばらしい多様性を構成する一つの重要な要素となっている。

もし研究結果を有効に伝えるのに十分な程度の英語を話せるならば，自分の英語の能力を気にすることはない。日本の教育文化は，完全主義（perfectionism）に高い価値を置く傾向があるので，このことを，特に日本で強調する必要がある。例えば，筆者が大学で英語を教えているとき，ほとんどの学生が質問に対して，なにも答えないより間違いをすることのほうが恥ずかしいことだと考えている。このような態度は悪いことだといわざるを得ない。完全主義はほかの多くの状況では悪いことではないが，間違いに寛容であることが本質的に必要である語学の学習においてはマイナスに作用する。

日本の学者にとってプレゼンテーションの効果を減少させているものは，語学の問題ではなく，日本のような文化圏からきた人たちに共通する文化の問題である。したがって，筆者がこれから述べることは，国籍に関係なく，これから英語で講演する必要のあるすべての人たちに適用可能である。

3.2　どうすればプレゼンテーションが成功するか

この講演の主題，すなわち国際会議において英語で講演をする問題に戻ろう。会議には，数千人の参加者が集まる非常に大きな**総会**（general meeting）から，ただ一つの特別なテーマを扱い，少数の参加者しかいない**ワークショッ**

プ（workshop）までいろいろな種類がある。同様に，プレゼンテーションにもいろいろな種類がある。その一つは，通常は高名な指導的学者によって行われるもので，**基調講演**（keynote speech）と呼ばれる。それは多数の人々の前で大きなステージ上の演壇から，ときどきは原稿を読みながら，きわめてフォーマルに行われる。一方，この対極に**ポスター・プレゼンテーション**（poster presentation）がある。そこでは，わずかな数の参加者がいるところで，かなり非公式な1対1の会話が行われる。

しかし，本章では研究者が行う可能性が最も高い普通のプレゼンテーションに議論を限定する。

3.2.1　論文とプレゼンテーションの違い

プレゼンテーションのときに現れる多くの問題は，論文とプレゼンテーションの違いを十分認識しないために生じる。この違いを認識することによって，**なぜ書いてあるとおりにスピーチ用原稿を読んではいけないのか**という結論に結びつく。

〔**1**〕　**参加者の物理的関係**　　論文の場合，著者と読者は空間的，時間的に

How to give a successful oral presentation - Outline

1. Differences between a paper and a presentation
2. ‘To read, or not to read?’
3. Preparation
4. Structuring your presentation
5. Performing your presentation
6. Visual aids

Differences between a paper and a presentation

1. Physical relationship of participants
2. Attention of audience
3. Information flow
4. Communication pattern
5. Time
6. Medium
7. Style
8. Quality control

1 Physical relationship of participants

- Acknowledge the presence of the audience
- Understand uniqueness of the situation

隔離されている。そして，読者は好きなだけ繰り返してそれを読むことができる。しかしプレゼンテーションの場合は，講演者と聴衆は，わずか1回だけ対面するだけである。

いずれの場合も情報伝達の手段として長所と短所をもっている。プレゼンテーションのおもな長所は，聴衆から即座に反応があり，聴衆と議論をすることができることである。しかし，その長所を生かすためには，**そこに出席している聴衆と意見交換による相互作用**（interaction）**をしたいと思っているということを聴衆に伝えなければならない**。さらに，**その講演がたった1回だけのものであるので，自分の講演内容を聴衆の記憶に焼きつける努力をしなければならない**ということも理解してほしい。

〔**2**〕 **聴衆の関心**　図書館に行って論文をコピーする人ならだれでも，それを注意深く関心をもって読むであろう。しかし，学会においては，つぎのような理由から，講演者が発表することについて，必ずしも聴衆全員が興味をもっているわけではない。まず第1に，一般的な問題として，最近では研究が非常に専門化しているので，特に大きな国際会議では聴衆はあまりなじみのない話題を聴くことがよくある。第2に，個人的な問題として，聴衆の何人かは注意を向けられないことがある。例えば，ある人はすぐ後で行う自分の講演のことで頭がいっぱいであったり，あるいは少し前に自分たちの講演が終わったところなので疲れていたりする。またある人は，その時間帯に特に聴きたい講演がないので，たまたまその講演室に座っているのかもしれない。あるいは，同じ時間帯に行われる別の講演にも興味があり，もし講演が講演概要集のアブストラクトで示唆されたほどおもしろくなかったら，ただちに別の講演室へ行こ

2 Attention of audience

- Capture the audience’s attention

うと考えているかもしれない。

いずれの場合にも，厳しく制限された**講演時間の早い段階で聴衆の興味を引きつけ，さらにその興味を終わりまで持続させる努力をしなければならない**。

〔**3**〕 **情報の流れ**　論文の読者は，ページのレイアウト（見出し，段落，太字とイタリック文字など）の特徴を利用して，全体を把握するため速く読み流したり，あるいは詳細な点を理解するため一部を何度も読み返しながら，情報の流れをコントロールする。これに対し，プレゼンテーションでは，情報の流れはすべて講演者によってコントロールされる。われわれは，（テープに録音しない限り）プレゼンテーションを「もう一度聴く」ことはできない。このような理由から，講演者には聴衆がプレゼンテーションを理解できるようにするという大きな責任がある。

聴衆が情報の流れをたどるのを助けるためには，つぎの方法が有効である。第1は，プレゼンテーションの**はじめに（結論も含め）研究のおもな点を明瞭に述べること**，第2は，プレゼンテーションの**本体の中で，それぞれのおもな点の説明をいつ始め，またいつ終わるかについてはっきりと合図を送ること**，第3は，プレゼンテーションの**終わりにおもな点をまとめる形で繰り返すこと**である。

〔**4**〕 **情報伝達のパターン**　プレゼンテーションの本質は意見交換による相互作用であるので，講演者は聴衆に対して，彼らがプレゼンテーションの中で歓迎される参加者であるという気持ちにさせなければならない。すなわち**講演の中で，聴衆と友好的な関係を築く努力をし，かれらが質問するように勧めなければならない**。

3 Information flow

- State main points early
- Provide clear signposts
- Use repetition

4 Communication pattern

- Encourage the active involvement of audience
- Welcome feedback

〔**5**〕 **時　　間**　講演時間は限られているので，それを可能な限り上手に使わなければならない。研究のおもな点に集中し，論文の中に含ませることができる手順やデータの**詳細は省略する**。プレゼンテーションの準備をするときには十分練習をし，**与えられた講演時間に収まるように**時間調整をする。なお，最後に**質問のための十分な時間を必ず残しておく**必要がある。

〔**6**〕 **媒　　体**　講演は，口だけでなく身体全体を使って行うものであることを忘れないでほしい。そのため，**音声と身体言語**（**身振り**）**の両方に注意を払うこと**が必要である（3.2.5 項参照）。

〔**7**〕 **表現の仕方**　一般に，プレゼンテーションは**論文ほど厳密な形式をとらない**。逆に，あまりに形式的なスタイルは，相互作用を活発にする雰囲気を作りにくくする。講演者はジャーナリスト的な表現もとり入れ，講演内容に報道価値があり，また**聴く価値があるということを聴衆に納得させねばならない**。

〔**8**〕 **品質管理**　評価の高いジャーナルに掲載されるためには，論文は校閲を受けなければならず，その過程で編集者との質疑応答や，少なからぬ書き直しも行われる。一方で講演は，短いアブストラクトと応募書類によって簡

5 Time

- Use time efficiently
- Omit minor details
- Keep within the time limit

6 Medium

- Concentrate on delivery
- Use gestures, facial expression, etc.

7 Style

- Be friendly
- Make your presentation newsworthy

8 Quality control

- It's up to YOU!
- Prepare carefully

単に受理される。その結果，**プレゼンテーションの品質に対する責任は，講演者自身にかかってくる。**

3.2.2 「読むべきか，読まざるべきか」それが問題だ

筆者はつねづね，経験の足りない講演者は，論文を書くこととプレゼンテーションをすることとの間の情報伝達の違いの重要性を理解していないように感じてきた。かれらは，いったん研究が完成し，それを論文として書き上げてしまうと大変な仕事はもう終わったと考え，会議では声に出して原稿を朗読することだけでよいと思っているようにみえる。

事実，英語圏においてさえも，そのように論文を読むような学会がいくつかある。例えば，英文学のような人文学の分野では，小説や詩のような高い価値をもつ文章や学者が用いる言語の芸術性の解釈と評価に重点を置く。このような分野では，講演者は読む以外にほとんど選択肢がない。

しかし，科学技術の分野では，表現の単純さと明瞭さのほうがもっと重要である。したがって，言葉の厳密な選択はそれほど重要ではなく，講演時に論文を読む必要もない。

スピーチの原稿を言葉を追って読みたくなる気持ちは理解でき，また同情もする。筆者も会議において日本語で話をしたときには，いつもそうしてきた。それは日常生活ではかなりうまく日本語を使えるが，聴衆の前では，自由に日本語を話せる能力に自信がないからである。そして，筆者の記憶力はひどく悪いので，自分のスピーチを暗記できず，代わりとして読まざるを得ないからである。このようにすることが，日本では英国よりも普通なんだと納得すること

'To read, or not to read?'

That is the question

Four disadvantages of reading

1. Lack of knowledge
2. Lack of politeness
3. Lack of interaction
4. Lack of interest

によって自分を慰めているが，それでも罪の意識を感じてはいる。

しかし，科学技術の国際会議では，研究報告の論文を逐語的に読む場合，少なくともつぎのような四つの不利な点がある。

○知識の欠如　原稿を読むと，講演者は本当は自分のやってきた研究のことが十分にわかっていないのだという印象を聴衆に与える。発表している研究は講演者自身の仕事ではなく，おそらく先輩，先生，あるいは同僚の仕事ではないかとさえ思われる。

○礼儀の欠如　聴衆は，その論文が特にこの会議のために用意されたものでなく，すでに印刷されてどこかで発表されているかもしれないと思う。その結果，それを聴くために貴重な（しかも高い）会議の時間を浪費する必要がないと考える。

○相互作用の欠如　意見交換などの相互作用をする雰囲気ができるのを妨げる。それはダイナミックで刺激的であるべき出来事を，静的で退屈なものに変えてしまう。原稿を読むことは，視線を合わせ，またほほえんだり強調のために手を使うというジェスチャーを著しく減らす。これは聴衆がその議論に参加しているという感覚を減退させてしまい，さらに，もし視線を合わせないと，講演に対する反応，例えば理解できているのかいないのかというようなこともわからない。

○興味の欠如　原稿を読むことは，不自然で単調な声にさせ，プレゼンテーションの効果を減少させる。講演者はベテランの俳優でなければならない。イントネーションは話し言葉に意味をもたせ，自然なイントネーションのないスピーチは，退屈に聞こえるだけでなく，理解するのが難しい。十分変化させたイントネーションで英語を話すのが苦手な日本人にとって，これは特に重要である。

以上の理由から，スピーチを書いた紙を**読まないこと**を勧める。一方，同じように，スピーチを**丸暗記しないこと**も勧める。これは，読むことと同様に丸暗記することも，伸びやかさ，柔軟さ，自然さ，相互作用などを減少させるからである。しかし，もしどうしてもスピーチの原稿を読まなければならないと思ったときは，つぎの三つの点を思い出してほしい。

○形式張らない　単に論文を読むことはやめて，スピーチ原稿を日常的な会話で用いる英語に書き直す。

○自然のままに　スピーチが自然でかつ明瞭に聞こえるように，イントネーション，リズム，スピードに注意を払って繰り返し練習する。

○目を見つめて　プレゼンテーションの時間の少なくとも3/4は聴衆のほうを見るようにする。目を原稿に近寄らせる必要がないように，スピーチ原稿はダブルスペースで大きな字を使って書いておくようにする。原稿の適当な位置に「Look Up Now」と書き入れておくのもよいであろう。

3.2.3　準　　備

国際会議の準備には，会議の前にしなければならないことと，会議が始まってからしなければならないことがある。以下では，いくつかの着目点に分けてこれら二つのことを順番に説明する。

〔**1**〕**会議の種類**　最初に，それがどのような種類の会議か，すなわち大きいか小さいか，対象が特化されているか一般的なものか，理論指向か実用指

To read or not to read? ***Conclusion***

- Try *not* to read your paper

but…

- Do not memorize your paper, either

If you really must read …

1. Be informal
   - Re-write your paper in informal English.
2. Be natural
   - Practice
   - Annotate your script
3. Make eye contact
   - Look at your audience for at least 3/4 of the time
   - Print out your script so that it is easy to read

Two kinds of preparation tasks

- Preparation *before* the conference
- Preparation *at* the conference

Preparation ***before the conference***

1. Conference: what type am I going to?
2. Audience: what type of audience will I have?
3. Knowledge: what do I know and can I explain it?
4. Materials: how can I make them effective?
5. Practice: what should I do?

向か，純学術的なものか商業的発展を考慮しているものか等々について明らかにし，それに従って準備の計画をたてなければならない。

〔2〕 **聴　　衆**　よいプレゼンテーションというものは，講演者がなにをいいたいかではなく，**聴衆がなにを聴きたいと思っているか**ということに方針を合わせなければならない。それゆえ，どのような種類の聴衆が参加しそうか，また聴衆があなたの研究のどの点に最も興味をもっているかということを知る努力をしなければならない。また，聴衆の関心が当然講演者に向いていると思い込んではいけない。講演者は，聴衆に講演者の話すことを聴きたいと思わせ，また講演者がそれに値する人物であることを受け入れさせなければならないのである。

聴衆を知るため，以下のような点を考えることが必要である。

○聴衆の人数　多数の聴衆の中にいる人は，少数の聴衆の中にいる人より注意を集中しない傾向がある。かれらは無駄話をし，居眠りをしがちであるが，これは普通の現象であり，必ずしも講演の質が悪いからではない。しかし，このことは聴衆が多いときはかれらの関心を引くために，もっと一生懸命にならなければならないことをも意味している。もし参加者の数が予想よ

1 Conference type

- Find out what kind of conference it is
- Adapt your presentation to the conference

2 Audience

- Identify the audience
- Adapt your presentation to the audience
- Make the audience *want* to listen to you

Four Questions about the Audience

1. Size
- People in large audiences pay less attention than in small audiences

2. Composition
- International or local, monolingual or multilingual?

3. Background knowledge
- Don't overestimate their level of knowledge

4. Attitude
- Will they be friendly or critical?

り少なくなりそうであれば，形式にとらわれずに話ができ，聴衆とより緊密な意見交換ができると期待できるであろう。

○聴衆の構成　聴衆はきわめて国際的な構成なのだろうか，あるいは例えば主催国からきた一つの文化と一つの言語からなる人々によって構成されているのだろうか。もし前者なら，少し気を楽にしていいであろう。なぜなら，このような会議では言語の多様性について，より許容性がありそうだからである。もし後者だったら，英語とその国の文化的基準に格別の注意をしなければならない。

○聴衆の予備知識　プレゼンテーションでよくある過ちは，聴衆の予備知識を過大評価することである。講演者は専門分野になれており，当然ほかのだれよりもよく知っているが，聴衆はそうではないということを心にとどめておくべきである。もし聴衆が多い予備知識をもっているものと仮定して話をすると，聴衆は講演者の思考の流れについていけない危険性がある。これをチェックするために，事前に分野の異なる同僚にプレゼンテーションを聴いてもらい，どこがわからないかについてフィードバックしてもらうとよいであろう。

○聴衆の態度　講演者の考えに対して，聴衆に友好的な反応を期待できるだろうか，それとも批判的なものだろうか。もし聴衆が考えに同意しないと予想されるならば，スピーチを注意深く準備し，講演の論拠が有効で，説得力に満ちているように作ったほうがいいだろう。もし好意的な反応を期待できるならば，議論の詳細にあまり注意を払う必要はなく，その代わりもっと相互作用の強い協調的なプレゼンテーションをめざすことができる。

〔3〕 知　　識　他人の前で発表すると決める前に，自身の研究を完全に理解すべきであるということは原則的にいうまでもない。しかし，実際上のさまざまな理由から，自分の得た事実に対して完全に確信をもたずにプレゼンテーションをしなければならないという難しい挑戦に直面することがある。会議で**発表をしない**ということも一つの選択であり，それは悪いプレゼンテーションをするよりもましである。しかし，もし発表することが決定したならば，

つぎのことをチェックしてほしい。

まず第1段階として，手法，データ，解析についてチェックすることである。これを行う一つの方法は，それが自分の仕事であるということを忘れ，批判的であり，また懐疑的な目で，自分の前提，議論，解釈，結論を調べることである。そして自分に対してつぎのように問いかける。それは本当に正しいか。私はそのことを本当に知っているのか。それは考えられるただ一つの解釈か。

つぎのステップとして，発表する内容を「言葉」に変換する。英国の有名な哲学者グライス（H. P. Grice）は，「最大限に有効なコミュニケーションをするために，講演者はつぎの“格言（maxim）”に従いなさい」と提言している。

Grice's Maxims

1. スピーチでは，状況が要求している十分な情報を与えること。
2. スピーチでは，状況が要求している以上の情報を与えないこと。
3. スピーチを，間違いのないものにするよう努力すること。
4. 関連性があること。
5. 明確であること。

グライスは，日常会話に関する彼の研究と結びつけてこの maxims を発展させてきたが，これはプレゼンテーションに対しても適用できる。最初の二つの maxims は，置かれている状況がなにを要求しているかを考慮する重要性を述べている。例えばプレゼンテーションの場合でいえば，自分の研究とその意義を理解してもらうために必要な背景を，十分に（しかし，必要以上にではない）話さなければならないことを意味している。3番目の maxim は，実際に

3 Knowledge

- Be sure of your facts
- Check your arguments critically
  Be skeptical. Ask yourself questions like:
  Is that really true?
  Do I really know that?
- Use clear language

Grice's Maxims

1. Make your speech as informative as required by the situation
2. Do not make your speech more informative than is required by the situation
3. Try to make your speech true
4. Be relevant
5. Be clear

はさらに二つの sub-maxim を含んでいる。その第1は，間違える可能性があることは話さないということ，第2は，十分な証拠がないことは話さないということである。科学技術のコミュニケーションでは，この sub-maxim の重要性は明らかである。4番目の maxim は，話の本筋からわき道へそれないように警告している。5番目の maxim は，さらに四つの sub-maxim を含んでいる。第1は，ぼんやりとした不明瞭な（obscure）表現をしないこと，第2はどちらともとれるあいまいな（ambiguous）表現をしないこと，第3は（冗長さを避け）簡潔にすること，第4は，論理的に順序だてて述べることである。

〔4〕 教　　材　これに関して後の3.2.4項と3.2.6項で詳しく述べるので，ここでは教材を準備するにあたり，英国で「**Murphy's Law**」として知られているつぎのことを述べるにとどめる。この法則では，つぎのようにいっている。

「**If something *can* go wrong, it *will* go wrong.**
（失敗する可能性のあるものは失敗する。）」

起きるのではないかと心配していることは，往々にして一番起きてほしくないときに必ず起きるものである。したがって，OHP やビデオの故障などの緊急事態への対策を用意しておかねばならない。

〔5〕 練　　習　実際に講演する前に練習する利点は非常に多いので，練習することを強く勧める。残念ながら筆者も含め会議に出発する直前まで準備をしているため，練習をする時間がまったくもてない癖のある人を何人も知っている。これは改めなければならない。練習することによってつぎのようなことを含め，プレゼンテーションの多くの点が改善される。例えば

4 Materials

- Arrange your materials for maximum impact
- Create effective visual aids and handouts
- Make a back-up plan, because …

Murphy's Law

If something ***can*** go wrong,

it ***will*** go wrong

①　講演者の主題についての理解

②　プレゼンテーションの構成

③　英語を話す能力

④　身体言語

⑤　機器の使い方

⑥　プレゼンテーションの時間配分

⑦　聴衆の質問に対する受け答え

⑧　講演者の自信の程度

⑨　プレゼンテーションの効果，すなわち，いかに聴衆に印象を残すか

理想的な準備はつぎの三つの段階をたどるべきである。

（1）**自分一人でする練習**　頭の中で話すのではなく，実際の会議を想像しながら，大きな声を出してリハーサルして以下の点をチェックする。まず，速すぎないかをチェックする。これは神経質な人が共通にかかえる問題である。つぎに，プレゼンテーションが最後の質問の時間も含めて，与えられた時間内に収まるように確認する。さらに，話すときの姿勢や身振り手振りなどのジェスチャーの練習をする。このとき，OHP やレーザーポインタのような実

5 Practice

- Check verbal and non-verbal communication
- Make sure people can follow your arguments
- Don't exceed the time limit, allow time for questions

Three Stages of Practice

1. Practice **on your own**
2. Practice giving your presentation to your **Japanese colleagues**
3. Practice giving your presentation to **an English native-speaker**

1. Practice ***on your own***

- Rehearse 'out loud' not just 'in your head'
- Imagine yourself speaking at the conference
- Slow down: about 90 to 100 words per minute
- Check your presentation fits the available time

1. Practice ***on your own*** *(cont.)*

- Re-phrase anything that is difficult to say
- Practice your body language
- Practice using projectors and laser pointers
- Make a video- and tape-recording of your performance

際に用いる機器を使うこと。また，気を散らす言葉や体の動き，例えば日本語の「あのぉ…」や「え…っと」に相当する英語の雑音「um」,「er」を発声していないか，鼻をこすったり，ポケットに手を入れたりしていないかなどについても注意する。

（2）　**日本人の仲間の前で行う練習**　これを行えば，特に技術的な内容に関して，プレゼンテーションのわかりにくいところを指摘してもらえる。このとき，OHPやスライドが明瞭に読みとれるかも確認する。スライドを見せるタイミングに注意し，聴衆がそれを読み，ノートをとるだけの時間を作る。

（3）　**ネイティブスピーカーの前で行う練習**　これを行うと，英語の能力全般，特にそのスタイルとイントネーション，単語の強調の仕方が適切かどうかについて批評が得られる。ネイティブスピーカーは専門的な部分はそれほど知らないかもしれないが，序論と結論をどのように改善するかについては，なんらかのアドバイスができるであろう。

〔6〕　**会　　場**　会議の開催期間の早い時期に，講演が行われる部屋の下見をしておくべきである。そして，部屋の中を歩き，その広さに慣れておく。さらにその部屋で他の講演者のプレゼンテーションが行われているときに見ておけば，音響など部屋のその他の特性も把握できる。

プレゼンテーションの当日は，装置の準備をするための時間が十分にとれるくらいに早く部屋に到着するようにする。早く着けば聴衆がきたときにあいさつができ，もし十分な時間があれば，最初の数人を明るく迎え，多少の楽しい会話をしてみるのがよい。そうすれば，講演のときに緊張をほぐすのに役立つであろう。多くの会議では，それぞれのセッションに指定された座長

2. *Practice giving your presentation to your* ***Japanese colleagues***

- Get feedback about …
  - the technical content of your presentation
- Practice asking and answering questions in English

3. *Practice giving your presentation to an* ***English native-speaker***

- Get feedback about …
  - your general English ability
- Get advice about …
  - the introduction and conclusion of your presentation
  - adding some humour to your presentation

(chairperson) がいる。その役目は，セッションが順調に進行し，確実に時間どおりに終わるようにすることである。だれが座長かを確認し，そして会議の早い段階でかれと話をしてみよう。もし座長と友好的な関係を築くことができれば，緊張を減らすのに役立つ。

〔7〕 緊張を緩める

以上の準備ができたとき，ただ一つ残っていることは緊張を緩めることである。これは「言うは易く，行うは難し (It is easier said than done.)」であるが，よいプレゼンテーションをするためにはリラックスしなければならない。この話題は会議で成功することに一般的にかかわっているので，後の3.3.1項で改めて説明する。

3.2.4　プレゼンテーションの構成

プレゼンテーションにおいて，情報の並べ方にはいろいろな方法がある。例えば，日本のスピーチと西欧のスピーチにはつぎのような違いがあるとよくいわれる。日本語のスピーチの始めは，その内容の主眼点から非常に遠いところにあり，その主眼点は最後になって明らかにされる。一方，英語のスピーチでは，主眼点は最初に述べられ，それから後はそれを補強する説明がなされる。実際にはもっと複雑であろうが，これは重要な相違点を指摘している。

それぞれの学問分野において，よいプレゼンテーションをするための，ある程度確立された慣例がある。一方，プレゼンテーションは唯一のものであり，そこに講演者の個性と創造性が必要とされるということも忘れてはならない。しかし，それでもすべての学問分野に共通する最小限の基本的な合意事項があ

Preparation ***at the conference***

6\. **Venue**
Where will I give my presentation?

7\. **Stress**
How can I relax?

6. Venue

- Become familiar with the space (and the people in it)
- Check and double-check the facilities

る。必ずしもそれに従わなければならないというわけではないが，それが価値あるやり方だということは，これまで多くの講演者が用いてきたという事実が示しているので，もしそれが自分の分野と講演題目の特徴に照らし合わせても適当だと思えるなら，ぜひとも使ってほしい。

まず，プレゼンテーションには，プレゼンテーション全体の**マクロな構造**と，個々の文の**ミクロな構造**があり，それらは別個ではあるが内部では結びついているということを認識することから始めよう。

〔1〕 マクロ構造　プレゼンテーションでは，物語を話す形をとる。よいプレゼンテーションは，イソップ物語（Aesop's Fables）と似ており，それは「始まり」と「真ん中」と「終わり」から構成されている。「始まり」では，物語の場面が設定され，登場人物の記述があり，物語の「真ん中」の部分のトピックスを形成する問題点が紹介される。「真ん中」の部分では，登場人物がどのようにこの問題をとり扱ったか一つずつ詳しく話す。そして，「終わり」では，登場人物が扱った問題の結果を示す。

これと同様に，プレゼンテーションも，三つのパートから構成される。第1は「**序論**（introduction）」で，これまでの研究の経過と，いまの問題点はなにかということを説明するとともに，なぜこの問題を研究するように決めたかということを述べる。第2は「**本文**（main body）」で，講演者が用いた手法とその結果を示す。そして最後は「**結論**（conclusion）」で，講演者が発見したことをまとめ，その意義を評価する。

しかしこの全体構造においても，プレゼンテーションと論文の間の重要な違いに気づく必要がある。第1に，プレゼンテーションは，最後の最後まで真犯

Structuring your presentation

- Communicate your information in a clear, logical and orthodox way
- Main points come at the beginning of presentation
- Reminder of presentation provides support for main points

Two levels of structure

- **Macro**structure
  - Structure of the presentation as a whole
- **Micro**structure
  - Structure of the individual sentences

人を明らかにしないことが作家の腕の見せどころである殺人推理小説とは違う。この点から見れば，プレゼンテーションは新聞記事に近いといえる。新聞記事ではできるだけ早くおもな情報を与える。最初は見出し（headline）で知らせ，つぎに第1節でもう少し詳しく伝える。この第1節では，ジャーナリズム的な慣例から，読者はつぎの六つのおもな疑問，「だれが（who），なにを（what），いつ（when），どこで（where），どうやって（how），そしてなぜ（why）」に対する答えを見つけることができなければならない。もし，読者が急いでいるときには，単により詳しい情報をつけ加えているだけの残りの部分を読む必要はない。同様にプレゼンテーションでも，研究結果に対して聴衆を宙ぶらりんの状態に置いてはいけない。話し始めた直後に，ストーリーがどのように終わるかを話すべきである。それから残りの部分で詳細を述べるとともに，結果がどのように得られたかを示す。さらにプレゼンテーションの終わりで，聴衆にストーリーのおもな部分を思い出させるようにする。

以上のことからわかるように，聴衆が議論をたどる過程で，ある程度の**情報の重複**（redundancy）は重要である。

すでに気づかれたかもしれないが，上述の説明はプレゼンテーションのマク

[1] ***Macro****structure*

- A presentation is a *story* with three parts
  - **Beginning**
  - **Middle**
  - **End**

One big difference between a presentation and a story

A presentation is *not* like a murder mystery story

so

Don't save the best part till the end!

Beginning: ***Introduction***

- Introduce the topic of your presentation
- Put your work in the context of previous work
- Explain what the problem is and why you decided to study this problem

Middle: ***Main body***

- Describe your methods and results

End: ***Conclusion***

- Summarize your findings
- Evaluate the significance of your work

ロ構造としておそらく最も有名な「**Tell Them Three Times Approach**」と呼ばれている方法に基づいている。これは，つぎのことを意味している。すなわち

① プレゼンテーションのはじめに，これから聴衆になにを話すかを伝え（Tell them what you are going to tell them）

② つぎに本体でそれを話し（Tell them）

③ 最後に，なにをいま話したかを伝える（Tell them what you have just told them）

以下の図で，マクロ構造のそれぞれの部分について説明する。

（1） 講 演 題 目　　題目は，忙しい参加者がプログラムの中で，最初にそこだけを見るものであるから，話題を簡潔また正確に縮約することによって，ひと目で彼らの興味を引きつけるように作られなければならない。したがって，プレゼンテーションの題目は，論文の題目よりももっと興味を引くものにする必要がある。

（2） まえがき：「Tell them what you are going to tell them.」　　ここでは，つぎの四つのことを話す。

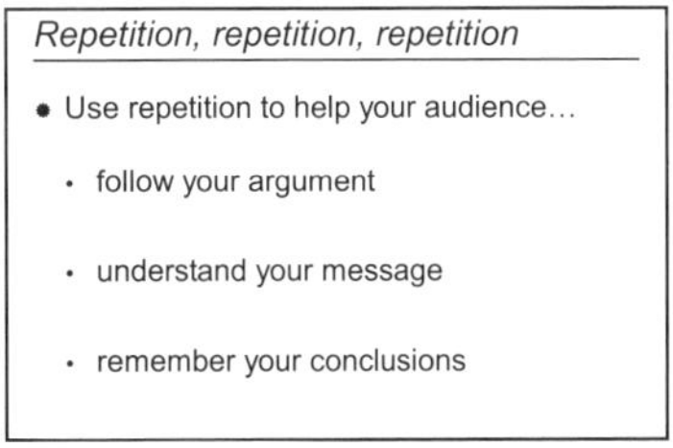

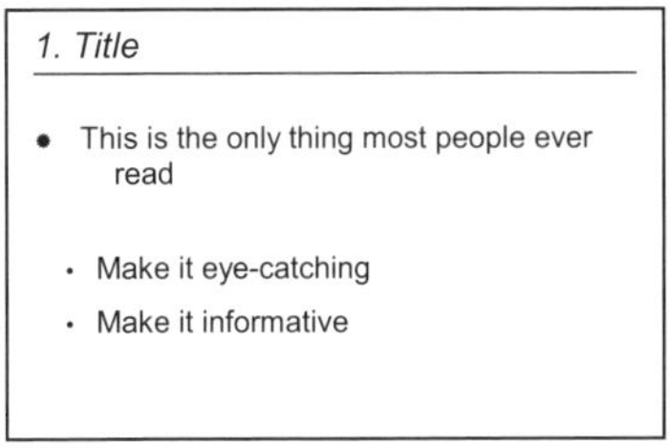

Repetition, repetition, repetition

- Use repetition to help your audience…
  - follow your argument
  - understand your message
  - remember your conclusions

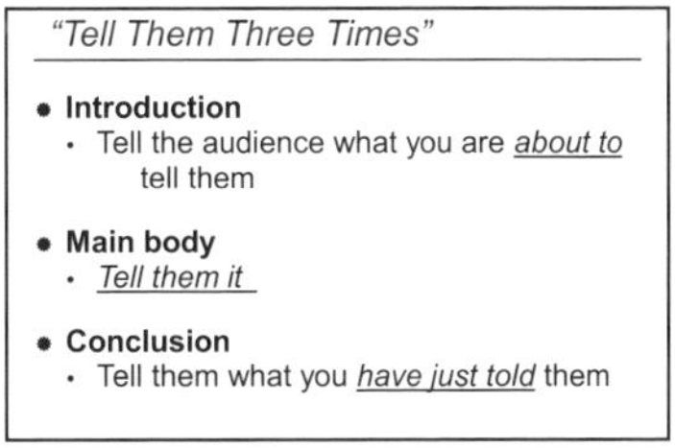

"Tell Them Three Times"

- **Introduction**
  - Tell the audience what you are *about to* tell them
- **Main body**
  - *Tell them it*
- **Conclusion**
  - Tell them what you *have just told* them

1. Title

- This is the only thing most people ever read
  - Make it eye-catching
  - Make it informative

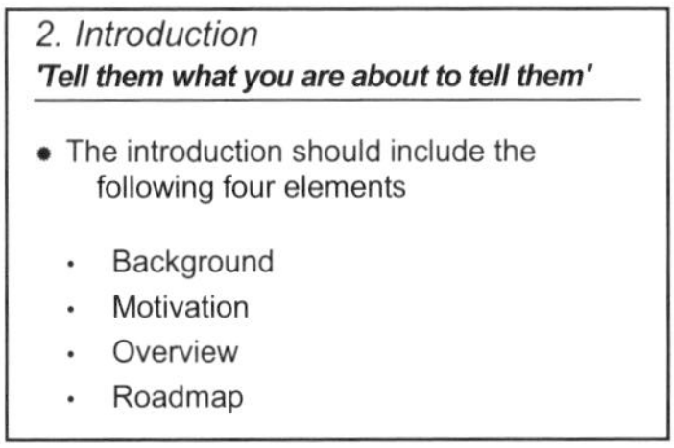

2. Introduction
'Tell them what you are about to tell them'

- The introduction should include the following four elements
  - Background
  - Motivation
  - Overview
  - Roadmap

○**背　　　景**　　過去の関連する研究を自分の研究との境界を示しながら，歴史的にレビューする。使える時間内にどれほどの量を説明するかは講演者の判断であるが，あえていうならば，発表になれていない研究者はこれが少なすぎる傾向にある。

○**動　　　機**　　なぜこの研究を行う価値があるのか。到達目標はどこなのか，など研究を行うと決めた動機を説明する。

○**概　　　要**　　上述のように，早い時期に研究の概要を聴衆に知らせる。

○**道路地図**　　プレゼンテーションの残りの部分が，どのように構成されているかについて話す。

（**3**）　**本体**：「**Tell them.**」　　ここでの情報伝達の順序は，講演する分野の慣例と講演者のテーマにかなり依存する。しかし，一般的にはつぎのパターンで並べる必要がある。

①　どのようにしてその研究を行ったか

②　なにを見つけたか

③　結果の重要性はなにか

議論が複雑なところに進み説明が難しくなればなるほど，聴衆が話していることについてきているかどうかを確認する必要がある。また，講演者はストーリーを話しているのであって，事実の羅列をしているのではないことも心にとどめなければならない。いまストーリーのどこにいるのか聴衆に思い出させるため，たびたびアウトラインを参照させる。それぞれの節の区切りを明確にし，さらにそれがそれまでに述べたどの部分と結びついているかについてもはっきりさせる。一つの節が終わり，新しい節が始まることを知らせるため，言

*3. Main Body: **'Tell Them'***

- Explain how you did the work
- Describe what you found out

***Guide** your audience through the main body of your presentation*

- Keep focused on your main theme
- Don't forget that you are telling a *story*
- Use 'signal words'
- Remind your audience of where they are
- Demarcate each section clearly

葉の休止も利用する（沈黙することを恐れない）。この休止は，聴衆がノートをとり，考え，さらに講演者の思考の流れにおくれないようにする時間を与える。さらに，聴衆を案内する助けとなるように，「第1に」，「第2に」，「つぎに」，「それから」，「なぜなら」，「したがって」，「その結果」，「まとめると」などの信号となる言葉を使うことを勧める。

全体のテーマに明瞭に焦点を合わせ，主要な点と末梢的な点を区別するように努める。また，わき道にそれ，細かいことを話すことは時間の浪費となるから避ける。

（4） 結論：「Tell them what you have just told them.」 この項では，より広い流れの中で自分の研究の重要性を位置づけるため，もう一度プレゼンテーションの視界を広げ，始めたときのレベルに戻る。この項を，「だからどうしたというのだ（So what ?）」という質問に答えるために用いることができる。経験の少ない講演者の多くはこのことに失敗し，プレゼンテーションがとるに足らない結果とあいまいな結論の混乱の中であっけなく終わったり，予期せぬ形で突然終わったりして聴衆をびっくりさせ，当惑させたりすることがある。一般に，プレゼンテーションの始めと終わりは（特に終わりであるが）聴衆が最も覚えている部分であり，したがって聴衆が講演者自身とその研究の両方によい印象をもって帰るように，できるだけ終わりを効果的にしなければならない。

結論は，解決されずに残された問題や，講演者の研究によって新しく投げかけられた問題を確認する場所でもある。したがって，結論を濃縮し，それを2，3の明瞭な文にまとめるとよい。このような文は，「Take-home Message」

4. Conclusion
"Tell them what you have just told them"

The ending of a presentation is the part that audiences remember most

4. Conclusion (cont.)
"Tell them what you have just told them"

- Remind the audience of your main questions
- Review the answers that you obtained
- Recognize the limits of your work
- Evaluate the significance of your results
- Summarize your presentation in one simple '**Take-home Message**'

と呼ばれる。

最後の最後に，聴衆に感謝の意を表し，かつ質問をしてくれるように促すか，あるいは座長がそうしてくれるのを待つ。

〔2〕 **ミクロ構造**　つぎにプレゼンテーションのミクロ構造に移ろう。このミクロ構造を考えるときに注意しなければならないことがいくつかある。まず第1に，能力をこえた英語を使うのはやめよう。英語の教師としての長年の経験から筆者の信念となったことであるが，概念的に非常に難しい話題でも，かなり少ない範囲の語彙と文法で話すことができる。多くの日本人は，英語の能力の不足に対して，非常にあいまいな語彙とめったに使わない文法を頑固に記憶することが解決法であると考えているようにみえる。これは大きな誤りである。ほとんどの日本人に必要なのは，もっと多くの語彙ではなく，すでにもっている（手ごろな大きさの）知識の蓄えを使ったもっと多くの練習と自信である。これをコンピュータで例えると，語彙と文法の知識はハードディスクに蓄えられるデータに似ており，話す滑らかさはCPUのパワーとスピードに似ている。多くの日本人が自分たちの英語を上達させるために必要なものは，もっと容量の大きなハードディスクではなく，より速いCPUである。通常の能力のレベルを超えて語彙と文法を使おうとすることは，それを走らせるには遅すぎるCPUを搭載したコンピュータで一つのソフトウエアを使おうとすることに似ている。往々にして，その結果としてコンピュータはクラッシュするし，英語を使う場合には沈黙となる。

日本人の著者によって書かれた「英語によるプレゼンテーションの仕方」に関する多くの本では，国際会議で使うのにいわゆる「適切な」英語の表現を，

[2] ***Micro****structure*

The LANGUAGE of your presentation
- Aim to maximally impress the audience with minimally simple language
- Avoid using English that is beyond your ability

A bigger ***Hard-Disk*** *or a faster* ***CPU****?*

- Most Japanese people do not need more English vocabulary and grammar *knowledge*
- They need more confidence and *practice* at using the knowledge that they already possess

終わりがないほどたくさんリストアップしている。すでに気づいているかもしれないが，前記のような理由から，筆者は本章で故意にそのようなやり方を踏襲しなかった。もし，本当に「Can I have the lights on now, please?」などというための 101 個[†]の異なる表現を覚えたかったら，それを教えてくれるたくさんの本が出版されているのでそれを読んでほしい。しかし，ほとんどの人にとって，貴重な時間を，聴衆の前でのびのびと話す練習に使ったほうがよいと筆者は考えている。

要するに，あなたがもっている英語のレベルがどのくらいであっても，（知識を増やすのではなく）それを使ってまず実践することである。

あなたの考えをより単純な方法で表現する手助けとして，英語を学ぶ人のために作られた英英辞典の利用を勧める。筆者は，特に「Longman Dictionary of Contemporary English」に感銘を受けている。それは普通に使われている膨大な数の英単語を電子化し，使用頻度に基づいて抽出された約 50 000 語を含んでいる。これは，辞書編纂者だけが興味をもつ難しい単語に焦点を合わせがちな伝統的辞書よりも，この辞書の内容が実生活の中で普通に使う種類の英語を表しているということを意味する。さらに，「Longman」の中のすべての単語は，その大部分が英語教育を受けた人にとってなじみのあるわずか 2 000 語の基本語彙を用いて明瞭に説明されている。

つぎの問題は文法である。プレゼンテーションの効果を改善するためには，非常に入り組んだ文で話さないことである。また二次的な句の使用はなるべく

Simplify your grammar

- Speak in shorter sentences
  - no more than 20 words per sentence
- Include only one main idea per sentence
- Use active verbs not passive ones
- Use concrete expressions
- Speak in informal, conversational English

† 英語で 101 という数字は「たくさん」を意味する。日本語の「ウソ八百」，漢詩の「白髪三千丈」と類似。

避けたほうがよい。プレゼンテーションは，言語が簡単すぎるということよりも，文構造が複雑であることによって，はるかに失敗しやすくなる。また，論文を書くときと比べて，受動態（passive voice）をできる限り使わないようにする。一般的には，能動的な文を用いて話すほうが好まれる。例えば

・This experimental set-up was built by us.

というよりも

・We built this experimental set-up.

の表現を用いる。経験的に間違いのないやり方として，一つの文に 20 words 以上使わないように努めるとよい。これはネイティブスピーカーでない人にだけでなく，公の席で話すすべての人に対する共通のアドバイスである。

最後に，学術的な倫理上の問題であるが，「事実」と「推測」，あるいは「自身の考え」と「他人の考え」を混同しないように，文の構造と表現に注意しなければならない。

3.2.5　プレゼンテーションを演技する

プレゼンテーションが一種の物語（story）なら，講演者はその語り手（storyteller）である。俳優（actor）といったほうがもっとぴったりするかもしれない。この項では，プレゼンテーションの「演技」としての側面について述べる。

本題に入る前に，つぎの質問をしたいと思う。「プレゼンテーションは，実際にはいつ始まりますか。」この質問に対して，それは講演室に入った瞬間に始まると筆者は考えている。これは，いったん講演室に入ったら，講演者はス

Story-teller or Actor?

Presentation = story
Presenter = **story-teller**

OR

Presentation = performance
Presenter = **actor**

Two aspects of performance

- **Verbal** communication
- **Non-verbal** communication

テージの上にいると考えなければならないことを意味する。また，講演者が演じる配役はもちろん講演者自身であるが，前の晩にホテルのベッドで震えている神経質で「ものがいえない自分」ではなく，完全に準備が終わり，十分な知識を備え，リラックスし，これから会議で興味あふれる最高の講演をしようとしている「自信あふれる自分」である。したがって，聴衆が入ってきたとき明るく自信にあふれたあいさつをし，そのうちの何人かと友達となって楽しく会話をするように努めてほしい。

非常に特別な聴衆の一人として座長がいる。理想的には，講演より前に座長と接触をもつとよいのであるが，それができなかった場合，座長とプレゼンテーションの直前に数分だけ話をすることになる。そのとき座長は，機器などが十分満足されているか，質疑応答の進め方などについて要望があるか尋ねるであろう。もし講演が長いセッションの中のいくつかの講演のうちの一つだったならば，他の講演者とも言葉を交わそう。かれらも，自分同様，神経質になっている可能性が大きく，たがいに助け合う関係になり得るかもしれない。

以下においては，プレゼンテーションの演技としての側面を二つの部分，すなわち言葉による伝達（verbal communication）と，言葉以外の手段による伝達（non-verbal communication）に分けてとり扱う。

〔**1**〕　**言葉による伝達**　だれかに話すとき，われわれは二つの方法，すなわち一つは相手に**考えさせる**ことによって，もう一つは相手に**感じさせる**ことによって，相手に影響を及ぼす。別の言い方をすれば，われわれの話は「**情報**」を与えることができるとともに，いろいろな「**感覚**」を与えることもできる。これは，大ざっぱにいえば，**なにを**（**what**）われわれが話し，また**どの**

[1] ***Verbal*** *communication*

A successful presentation depends on two factors:

What you say
the *content* of your speech

How you say it
your *way* of speaking

Six aspects of verbal communication

1. Articulation
2. Volume
3. Speed
4. Intonation
5. False-friends
6. Homophones

ように（**how**）われわれが話すかということに対応する。プレゼンテーションをすることを考えるとき，学者たちはおもに前者，すなわち内容（情報）の側面を考える傾向がある。しかし，本節で後者の側面も重要であることを示す。この観点に立ち，ここでは，特に英語でプレゼンテーションをするとき，口から出てくる音に関係する問題に焦点を当てる。

（**1**）**発　　音**　音声の品質の第1の問題として，ここでは発音について触れる。日本人はある種の英語の音を発音しようとするとき，問題を抱えている。この問題の基本的な原因の一つは，日本語と英語の母音の数の違いである。日本語では，母音はわずか五つ（a, i, u, e, o）であるが，英語では少なくとも26ある。これは表3.1のようなある言葉の対を発音するとき問題が生じる。

表3.1　母音の対

vowel pair		
bat	vs.	but
it	vs.	eat
pull	vs.	pool
well	vs.	will
work	vs.	walk

表3.2　子音の対

consonant pair			example		
R	vs.	L	rice	vs.	lice
B	vs.	V	bowel	vs.	vowel
F	vs.	H	foist	vs.	hoist
S	vs.	Th	sink	vs.	think
S	vs.	Sh	city	vs.	shitty
Th	vs.	Z	the	vs.	tzar
J	vs.	Z	jest	vs.	zest

また，英語と日本語で異なる特定の子音により引き起こされる問題もある。例えば，日本人は表3.2のような一対の音を明確に聞き分けることが困難である。このような一対の音のうち，どの発音が難しいかを見つけてほしい。先に，いわゆる理想的な「標準語」に従って発音することに悩む必要はないと指摘したが，もしあるスピーチのとき，これらの一対の音を区別して発音できないため，あなたのプレゼンテーションを理解してもらえないならば，努力して練習をし，その区別をマスターすべきである。ネイティブスピーカーであれば，発音不良があなたのいっていることを理解するのに深刻な妨げになるかどうか教えることができるであろう。プレゼンテーションの中で，言葉の発音に特別な注意を払うべきである。それらの言葉を最初に使うときには，聴衆が自

Consonant pair

分のいっていることを聴くだけでなく読むこともできるように，スライドの中にそれらを示しておくことも有効である。もし，これらの言葉のどれかがプレゼンテーションの中で繰り返し出てきて，それの発音が難しいとわかったならば，意味が変わってしまわない範囲で，発音のやさしい別の言葉を使うことも考えるとよい。

（2）音　　量　筆者のクラスでは，学生はいろいろな理由，例えば恥ずかしさ，自信のなさ，大声が礼儀に反するとの思い込みなどから，英語を話すときどちらかというと小さな声で話す傾向がある（授業の間の休み時間では，日本人どうしで大きな声で話ができるにもかかわらず）。プレゼンテーションが十分に準備され，内容もおもしろく，発音もきれいだったとしても，聴衆がいっていることが聞きとれないという理由から講演者のメッセージが伝わらないとすれば，それは非常に残念なことである。それだけでなく，もし講演者が聴衆を多少無視するような形で，遠いところで弱々しくつぶやいていた

Thirteen or Thirty?

- Be careful with numbers like these
- Say 'One-three' or 'Three-Zero'

Articulation problems
— how to deal with them

- Identify your weak points
- Practice to improve them

ら，聴衆は非常にいらいらする。したがって，講演室の後ろでも十分聞こえるほど声が大きいかどうかチェックすべきである。**のど**からではなく，**おなか**の横隔膜の筋肉を使って腹から声を出すようにする。まっすぐ立って，聴衆を見て，頭を上げる。あなたの声を大きくできない場合にはマイクを使うべきである。

（3） 速　　さ　理解を妨げる第3の問題は，速く話すことである。これは聴衆の前で話すことに神経質な人に共通する問題であり，用心すべきである。速く話すことは三つの大きな欠点をもっている。第1に，単語をきれいに発音する能力を下げる。第2に，難しい言葉のとき舌が回らなくなる。第3に，声のピッチが速いと聴衆は聞きとるのが難しくなる。したがって，1分間に 90 words 程度のゆっくりとした一定のスピードで話す練習をしてほしい。理想的には，プレゼンテーションのときには，普通の日常会話より速く話すべきではない。節と節の間に休止（pause）を入れたりして，ゆっくり話すとよいプレゼンテーションになるであろう。人は聴衆の前で話すときに沈黙を恐れ，すべての瞬間を音で満たそうとする。しかし，上手な休止の利用は，一つの部分からつぎの部分へ移る合図になり，また聴衆にいま話していることを吸収するチャンスを与える。

（4） イントネーション　音に関する四つの問題のうち日本人の講演者にとって最も深刻なものは，たぶんイントネーションであろう。これにはいくつかの理由がある。一つの基本的理由は，声の質を変えることによって強調する方法に関して，口語日本語と口語英語とでは根本的な違いがあることである。英語は「**強勢アクセント**（stress-accented）」として知られている言語の一例

3. Speed

- Many inexperienced and nervous presenters speak too QUICKLY

Speed problems
— how to deal with them

SLOW DOWN!

である。すなわち，強調は文の中の大きな音と小さな音の対比のパターンで示せる。これは文のリズムを作る。一方，日本語は「**高低（抑揚）アクセント**（pitch-accented）」の言語の一例である。例えば，「はし（箸）」は上から下へ音が変動し，「はし（橋）」は下から上へ変動して両者を区別する。これは文のメロディーを作る。その結果，日本人が英語を話すときは強調アクセントを忘れてしまうので，聴いている英語のネイティブスピーカーには単調で退屈に聞こえる。文の意味を伝えるためのイントネーションの重要性を示すため，つぎの文を考えてみよう。

・This engine costs about five million yen.

この文の基本的な文法上の意味（denotation）は普遍であるが，ニュアンス，すなわち言外の意味（connotation）は文のどこを強調するかによって変化する。実際，表3.3が示すように，強調がそれぞれの単語に与えられたとき，異なったニュアンスが生まれる。

表3.3　強調によるニュアンスの違い

word	nuance
this	This engine, not that one over there
engine	The engine, not another part of the machine
costs	But renting the engine is much cheaper
about	I don't know the exact price
five	Not four, not six
million	Not five thousand, not five billion
yen	Not pounds, not euros

イントネーションが日本人になぜ問題となるかというもう一つの理由は，それが日本の教科書でほとんど扱われていないからである。イントネーションは

4. Intonation

- Intonation is the most serious voice problem for Japanese speakers
- English is a 'stress-accented' language (loud vs. soft)
- Japanese is a 'pitch-accented' language (high vs. low)

書いて説明することが難しく，したがって教えることが難しい。しかし，話すときに自然なリズムがないと，英語の理解しやすさに影響し，少なくとも聴衆に与える印象にかなりの影響を与える。技術的な意味からみれば，音調の変化がないと，聞き手はなにが重要か，また講演者がどれを強調したいかということが理解しにくくなる。例えば前記の例文でいえば，七つの部分のどこを強調したいかわからない。

プレゼンテーションで成功するためには，声に生き生きした情熱をもたせて，正しいニュアンスを知らせなければならない。

（5）偽同族語　日本人の講演者の音声の質に及ぼす問題として，英語あるいは他の外国語から日本語に入ったけれども，その過程で意味，発音，イントネーションが変わってしまった外来語（loanword）はかなりの数にのぼる。自分の母国語の中でたびたび使うのでその使用に自信をもっているが，実際にはなんらかの点で元の言葉とその意味や発音が異なっているこのような言葉は「偽同族語（false-friends）」と呼ばれる。これは非常にやっかいである。というのは，それらの言葉は日常語としてあまりにも深くわれわれの心に浸透しているので，それらに対する新しい意味あるいは新しい発音を学ぶことは非常に難しいからである。そして不幸なことに，日本語は非常に多くの外国語をとり込んできたので，このような言葉が日本語の中には非常にたくさんある。

以前，日本人の友達が私に，「Ano sêtâ, doko de katta no ?」と質問したことがあった。質問は全部わかったが，話題そのものがわからなかった。「セーター（sêtâ）」という言葉はなにを意味するのか。最後には，彼女が私が着ている暖かい毛糸の衣服，すなわち私の「sweater」のことを話しているのだとい

Japanese-English
intonation problems

Problems of flat intonation

- ***What*** you say
  - Flat intonation is difficult to understand
- ***How*** you say it
  - Flat intonation sounds dull and boring

Intonation problems
— how to deal with them

- Identify your weak points
- Practice to improve them

うことを明らかにしてくれた。このとき私が抱えた問題は

○英国では，われわれは通常，この種の衣服は「jumper」（日本語で「ジャンパー」が意味するものと異なる）と呼ぶ。

そして

○その発音「セーター」は英語の発音「スウェタ」と異なる。

英語と日本語で異なったイントネーションをもっているので，混乱を引き起こす多くの言葉がある。例えば，表3.4がそうである。

表3.4　イントネーションの違い

	Japanese	vs.	**English**
idea	I-dea	vs.	i-DEA
advice	AD-vice	vs.	ad-VICE
major	me-JAA	vs.	MAI-juh
pattern	pa-TAA-n	vs.	PA-tun

この問題の最もよい解決法は，ネイティブスピーカーの前で講演の練習をし，かれらにどの言葉のイントネーションが間違って混乱を起こしやすいかフィードバックしてもらうことである。もしかれらが，プレゼンテーションの中に現れるこのような言葉を指摘したならば，その英語のイントネーションをマスターするか，別のことばを探すかのどちらかをしなければならない。

たびたび聞きとりが困難となるほかの単語はthirteenとthirty, fourteenとfortyなどのような数の組である。これらの単語の最後の「-een」と「-eey」を強く発音するように努めることが必要である。もし，それでも難しかったら，意味をはっきりさせるため，数をいった後，「that is, one three」あるいは

5. False-friends

'False friend' words cause problems because they have different …

meanings
or
intonations

in English and Japanese

False-friend problems
— how to deal with them

- Identify your weak points
- Practice to improve them

「that is, three zero」のようにつけ加えるとよい。

（6）同音異字　日本語と比較すると，英語には同じ発音で意味が異なる単語は比較的少ない。これらの単語は，同音異字（homophone）と呼ばれる。例として，「rose」と似た発音のグループと，「plain」と似た発音のグループを表3.5に挙げる。

表3.5　同音異字の例

rose	noun	a flower, a colour
	adjective	having a pinkish colour
	verb	the past tense of *rise*
rows	noun	lines
	verb	"John *rows* the boat"
roes	noun	a kind of deer, fish eggs
plain	adjective	flat, boring, not pretty, honest, clear, simple
plain	noun	area of flat land
plane	noun	aircraft, tool for smoothing wood, a kind of tree
plane	verb	to smooth wood using a plane

もちろん，ほとんどの場合は文脈から，どれを意味しようとしているかはわかるが，プレゼンテーションのときは使っている同音異字がほかの単語と混乱を引き起こしていないか注意してほしい。もし誤解されそうであれば，代わりの単語を選ぶとよい。

〔2〕言葉以外の手段による伝達　「演技（performance）」のもう一つの側面，すなわち言葉以外の手段による伝達の話に移ろう。ここで覚えておかなければならない重要なことは，それが言葉によって表現された意味を強調する上で，きわめて重要な役割を果たすということである。この節では，これを六

Homophone problems
— how to deal with them

- Avoid the problem by choosing an alternative word

[2] ***Non-verbal*** *communication*

Reinforces the meanings expressed in your verbal communication

1. Eye contact
2. Facial expression
3. Gesture
4. Posture
5. Energy level
6. Clothes

つの問題に分けて解説する。

（1）**目を見つめる**　講演者として，聴衆に**語りかける**（talking to）ことと，単に**聴衆の前で話す**（talking in front of）ことの違いを理解しなければならない。講演者は，聴衆を相互作用の中に引き込む努力をする必要があるが，これを行うために，視線を合わせることは非常に重要であり，それはまた，（少なくともアメリカやイギリスの文化では）講演者が正直で誠実な人であることを表す。このような理由から，プレゼンテーションの間は，たびたび聴衆のほうを見るようにしなければならない。前の列だけでなく，部屋の後部のドアの横に立っている人のほうも見るように努めよう。ほとんどすべての聴衆の集まりの中に，あなたが見つめたことに対して，親しみのある微笑み，あるいは理解したという「うなづき」の反応を見つけることができるであろうし，またこれらの反応は非常な励みとなるのはいうまでもない。

（2）**顔の表情**　経験が少なく，神経質な日本人の講演者は，プレゼンテーションをすることに対してあまりにも緊張するため，かれらの顔はいくらか無表情で，動きがなくなりがちである。しかし，もしときどき聴衆に対してほほえむことができれば，それは聴衆をリラックスさせ，講演を聴くように注意を向けさせることができる。そして冗談（joke）をいったときにも，それに気がつくだろう。ときどき笑ってはいけないという法律はない。講演者が使うことができる顔の表情には，驚き，当惑，率直，興奮などを表すものがあり，これらは聴衆が講演者の言葉によるメッセージのニュアンスを理解する助けとなる。

（3）**身ぶり**　プレゼンテーションの中で，ジェスチャーを使う価値

1. Eye contact

- Creates an interactive atmosphere with your audience
- Makes the audience feel that you are an honest and sincere person
- Allows you to check how your audience is reacting to your presentation

2. Facial expression

- Without facial expression, a presenter may appear unhappy, unenthusiastic or both
- Try to smile, or even laugh
- Use facial expressions to show surprise, confusion, frankness, and excitement

は十分ある。ここでもまた，神経質で経験不足の講演者は，講演台の後ろ，あるいはスクリーンの横で直立不動の姿勢をとりがちである。しかし，そのようにすると，メッセージの効果を強めるための有効な手段を失うことになる。手や腕を使ったジェスチャーは，キーポイントの強調，要点の移り変わり，あるいはあるものの寸法を示すのに役立つ。

（**4**）**姿　　勢**　もしプレゼンテーションをするとき，立っても座ってもどちらでもよかったら，立って行うことを勧める。立って行うと，聴衆は講演者をよく見ることができるし（逆もいえる），講演者がより印象的にみえ，また必要なときにはステージの上を自由に動くこともできる。動くことは講演者の演技にダイナミズムを与え，それは聴衆の講演者への関心を強める。立っているとき，前かがみにならずに真っすぐに立つことである。この姿勢は威厳のある雰囲気を作り，より自信があるように見せ，また声を大きく明瞭にすることをも助ける。

3. Gesture

Use gestures to…

- Emphasize key points
- Show transitions between points
- Indicate the size of something
- Point at things

4. Posture

- Standing up is better than sitting down
- Stand up straight, but be relaxed
- Don't look at the screen or the whiteboard

（**5**）**熱　　意**　熱意のない講演は，話題がどれほどおもしろくても，聴衆を眠らせてしまう。大学の筆者の講義で学生が英語でプレゼンテーションをしているとき，（かれらのいっている内容によると）大変興奮した出来事について話しているときでさえ，あまりにも情熱に欠けているようにみえるので驚く。例えば，つぎのようなことを沈んだ雰囲気でボソボソと話す。「I went to Tokyo Disneyland in the spring vacation. It was the most wonderful experience of my life. I really want to go there again someday ...」

プレゼンテーションにおいて，聴衆に講演者の情熱を感じさせることができなければ，聴衆はきっとつぎのように考えて聴くのをやめてしまうだろう。「Well, if he doesn't think this is very interesting, it probably isn't, so why is he wasting everybody's time talking about it ?」論文では，（自分の仕事において，実際にはどんなに興奮していても）非常に形式的で，感情を殺した方法で書かなければならない。しかしプレゼンテーションでは，われわれの感情を表して，聴衆になにかを伝えるチャンスがあり，それを積極的に利用すべきである。

（**6**）**衣　　服**　プレゼンテーションのときにどんな衣服を着るかについて，明確なアドバイスをするのは難しい。というのは，これは国，気候，季節，そして会議の種類によって著しく異なるからである。例えば，8月のカリフォルニアにおける大学院学生の小さな集まりと，12月のストックホルムにおけるノーベル賞授賞式の違いを考えてみてほしい。出席する会議についていえば，似たような会議に出席したことのある指導教官や同僚が，この問題に対する最良の助言者となるであろう。

5. Energy level

- Enthusiasm is essential for a successful presentation
- A low-energy performance will make your audience lose interest
- Make your nervous energy work to your advantage

6. Clothes

- What to wear depends on many factors
- Ask supervisors and colleagues for advice
- Dress more informally than you would for a conference in Japan

しかし，筆者の個人的な見解をいうと，日本の同じような会議のときに着る衣服よりも，少し形式を軽くしたほうがよい。なぜならば，多くの公式の場において，日本人は英国の人たちよりも堅苦しい服装をするからである。例えば，この違いを日本と英国の大学教授が日常着る服装に見ることができる。一般に，日本の男性の大学教授は黒っぽい背広にネクタイをしているが，それとは対照的に，英国では（特に夏には）ジーンズにTシャツという教授がたくさんいる。

しかし，話す英語と同様，衣服の選択も個性の一部であり，プレゼンテーションをしているとき気持ちが楽になるように，最も心地よく感じる衣服を選べばよい。

3.2.6 視覚教育機器

人は，聴いたことのわずか10％を覚えているだけであるが，見たことは約30％覚えているといわれる。これが厳密に正しいかどうかは別にして，プレゼンテーションにおいて，なぜ視覚教育機器の使用を考えたほうがよいかという理由がいくつかある。視覚教育機器は，プレゼンテーションをもっと興味深く，もっと説得性をもたせ，そしてもっと記憶に残るようにする。そして，聴衆は講演者の話している言葉を聴きながら，同時に，書かれた言葉やグラフを辿ることができるから，日本人をはじめネイティブスピーカーでない人たちには特に役立つ。

最近では多くの異なった種類の視覚教育機器があるが，最も広く用いられている機器はオーバーヘッドプロジェクタ（overhead projectors ; 略して OHPs）

Visual aids

People remember

10% of what they **hear**

but **30%** of what they **see**

Advantages of Visual Aids

- Visuals aids make your presentation…
  - more interesting
  - more persuasive
  - more understandable
  - more memorable

とパワーポイント（PowerPoint）のようなコンピュータソフトウエアを使うためのビデオプロジェクタである。簡略化して，この節ではこれら二つのものに限定して話すことにする。そして，「スライド（slides）」という用語を，これらの機器によって映し出された映像を示すための言葉として用いる。また，日本と外国の機器のソフトウエアとハードウエアの互換性に関する技術的問題は，ここでは省略する。

〔**1**〕 **スライドの設計**　スライドを設計するとき，以下に示すような相互に関連した点に注意を払ってほしい。

○明　瞭　さ　最近，多くの人たちは，スライドをデザインするための技術に熟達している。そして，精緻なスライドを作り，印象的で特別な効果を与えるためのツールが多く存在するので選択に迷う。しかし，これらの目を見張らせるものはすべて，聴衆の注意を講演者の伝えたいメッセージからそらしてしまう危険性がある。筆者は，日本人は視覚に関する能力がかなり高いと信じている。日本文化は西洋文化より視覚的に洗練されているし，その結果，図的情報を作り，利用することのいずれにおいても高度な技術をもっている。一方，英国では映像に対してある種の偏見があり，書かれた言葉を好むようにみえる。例えば，日本人はすべての世代にわたって漫画を楽しむが，英国ではこのようなものは子供だけのものとみなされている。したがって，国内の会議のように聴衆がすべて日本人のときに用意するスライドよりいくらか単純に作ることを勧める。また，一つのスライドに使用する色は4色までとすることと，強調するときに使う色は一貫して同じ色を使ってほしい。スライドのまわりに十分な余白（margin）をとることも忘れないよう

Three aspects of visual aids

1. Designing visual aids (slides)
2. Using visual aids
3. Handouts

1. **Designing** *visual aids*

- Pay attention to these six points
  - Clarity
  - Simplicity
  - Readability
  - Relevance
  - Coherence
  - Comprehensibility

にしてほしい。

○単　純　さ　　スライドの情報の内容に関して，最も重要なことは，一つのスライドに多すぎる情報を盛り込まないことである。もしスライドが込み入っていたら，聴衆はそれを読むのをやめて飛ばしてしまうであろう。一般的ルールとして，一つのスライドには一つだけのメッセージを入れること，9行以上書かないこと，そして各行には8 words以上書かないことなどがある。読みやすさのためには，文を全部書く必要はない。多くの場合，キーワードあるいは新聞の見出しのような句で十分である。

○読みやすさ　　スライドを読むとき，聴衆に不要な苦労をかけないでほしい。そうしないと，聴衆は講演者のいっていることを聴くことができなくなる。スライド上の字体については，Arial や Verdana のような，現代風の縁が滑らかな「sans serif」のフォントのほうが，Times New Roman や New Century のような「serif」のフォントより好ましい[†]。なぜなら，それらは明瞭で単純な輪郭をもっているので，スクリーンに映したときに読みやすいからである。古い serif のフォントは，もともとは小さなサイズでつめて印

Designing for **Clarity**

- PowerPoint has an amazing range of design options
- Japanese culture is very visual
- Design slides that are visually simpler than for a Japanese audience

Colour

- Not more than 4 colours per slide
- Use the colours consistently

Designing for **Simplicity**

- One ‘message’ on each slide
- Not more than 9 lines of writing on a slide
- Maximum of 8 words per line
- Use keywords or phrases, not sentences

Designing for **Readability:　Fonts**

- Use smooth, simple fonts like Arial
- Do not write everything in **Bold** or CAPS
- No more than 2 fonts in any one presentation
- Headings: at least 26-point size letters
- Main Text: at least 24-point size letters

---

† sans serif は without serifs の意味をもつ仏語である。これはフォントの端にある突起（serif）をなくして作った単純なフォントの総称である。

刷された新聞の本文を読みやすくするためにデザインされたものであるから，聴衆に配布する資料に適している。スライドに二つより多くの種類のフォントを使わないようにするべきである。その一つの sans serif fonts は，見出しやタイトルに使い，もう一つの serif fonts は本文に使う。もし強調したければ，それぞれのフォントの中で bold や italic を使う。すべての文字の大きさは 24 point 以上にし，見出しと主要な点には 26 point 以上を用いる。すべてを bold にする必要はない。また，すべての文字を大文字で書くようなことはやめるべきである。

○スピーチとの関係　パワーポイントなどのソフトウェアを使って簡単にスライドを作ることができるので，プレゼンテーションのすべてを視覚的なものにしたくなる。しかし，この誘惑に負けてはいけない。映し出されたすべてのスライドは，話すメッセージを補強するためのもので，メッセージから注意をそらすためのものではないということを心にとどめてほしい。

○首尾一貫性　いろいろと異なった視覚的デザインと異なったスタイルの文章で作られたスライドが混じっていると，聴衆を困惑させる。そうであるから，あるキーポイントを強調するために他と区別することはあり得るが，基本的には全体にわたって統一されたスタイルを用いるようにする。テンプレート（型板，template）を用いる長所はここにある。首尾一貫性を作るもう一つの方法は，聴衆にいまプレゼンテーションのどの段階を議論しているかを示す「道路地図（roadmap）」の働きをするスライドをときどき用いることである。もし，同じスライドを何回も用いる場合には，OHP の山をひっくりかえしたり，パワーポイントをクリックして前のスライドを出したり

Designing for **Relevance**

- Slides should positively **reinforce** your spoken message, not distract from it
- Do *not* include **irrelevant** information on your slides

Designing for **Coherence**

- Use a single design template throughout your presentation
- Use 'roadmap' slides to remind audience where you are in your presentation
- At the end of each section, summarize the key points on a single slide

せずに，複数のコピーのスライドを用意することが必要である。

○理解しやすさ　英語には

「A picture paints a thousand words.」

ということわざがある。講演時間は限られているので，情報を図的な形にすることは大きな手助けとなる。これは，もし絵，流れ図（flow chart），グラフ，線図（diagram）の形にできるものがあれば，文字ではなくその形でスライドにするべきだということを意味している。しかし，表（table）は本当に必要なもの以上の情報を含みがちであり，また数字データの並びからある傾向を読みとることは，聴衆にとってグラフより大変なので，その使用は避けるほうがよい。

グラフなどを用いるとき，いいたいことを伝えるために本当に必要なこと以上のことは書かないほうがよい。不要な情報は消すことが必要である。しかし，座標軸のラベル（説明の表示）は必要であるし，グラフの下の説明書きも有用であろう。

○最後の注意　パワーポイントの準備にあまり多くの時間を費やさないでほしい。どんなにスライドが見た目にすばらしくても，研究自体がみすぼらしかったらだれも感銘を受けないであろう。選挙のときの政治家と異なり，メディアの映りより，メッセージの質に注意を集中したほうがよい。もし時間に余裕があるならば，スライドショーの設計をするよりも，プレゼンテーションのほかの面にそれを使うほうがよいのである。

〔2〕 スライドの有効利用　プレゼンテーションの開始を待っているとき，タイトル，講演者の名前，所属を書いたスライドを立ち上げておくことは

Designing for **Comprehensibility**

- Display information visually wherever possible
- Omit all unnecessary information
- Avoid tables of figures

A final warning about PowerPoint

- Do not spend too much time preparing your PowerPoint presentation

名案である。これは，聴衆が**だれで**，また**なにを話そう**としているかということに注意を向けるチャンスを与える。そのスライドに，なにか聴衆の興味を引くことを入れておくこともよいであろう。例えば，研究のおもな問題点や結論などのようなまじめなものや，母国のきれいな景色，あるいはトピックになにか関係のある漫画などの楽しませるものでもかまわない。

プレゼンテーションの間には，聴衆はそれぞれのスライドから情報を読みとる時間が必要だということをつねに心にとどめ，たくさんのスライドを急いで見せることのないようにする。プレゼンテーションが終わったとき，結論を書いた最後のスライドをそのまま映しておいて質疑応答に入るとよい。時間の使い方を間違えて残り時間がなくなったときのことを考え，1枚のスライドにたくさんの情報を簡潔に書き込んだ「非常停止」スライドを用意しておくこともよい考えであろう。

スライド上の情報について話している間，聴衆に背中を見せないでほしい。講演者は，スクリーンでなく，聴衆に話しかけているからである。また，レーザーポインタを使う場合には，それをスクリーンの上で揺らすのではなく，はっきりと，かつゆっくりと，目的のはっきりした動きをさせることが必要である。なお，危険であるから，絶対にレーザーポインタを聴衆の方向に向けないよう注意する。

〔3〕配　布　物　一般に，聴衆に配布物を渡すことはよい考えである。聴衆はそれを家にもって帰り，ほかの参考資料と一緒にとじておくことができ，またノート代わりにそれに書き込むこともできる。そのために配布資料には余白を十分にとっておき，またプレゼンテーションの初めに配るようにする。

2. **Using** *visual aids:* **slides**

- Give the audience enough time to read the information on each slide
- Do not to turn your back to the audience
- Put your ‘Take home message’ on a final slide

2. **Using** *visual aids:* **laser pointers**

- Move the pointer clearly, slowly and purposefully
- Do not point laser at the audience

3.2.7 聴衆の質問

多くの講演者は，プレゼンテーションにおける質問時間を非常に恐れる。この恐怖は，だれかが講演内容を破壊する批判的な質問をするのではないか，あるいは単に質問が理解できなかったり，答えられないのではないかという不安からきている。もし英語の能力が不足しているために質問が理解できないならば，この問題はさらに深刻になる。この苦境から逃れるために，質問時間をなくすようにスピーチを故意に長くのばす人すらいるようである。この節で「質問は怖がるようなものではないのだ」ということを納得していただきたいと思う。

最初に認識すべきことは，質問はよいことだということである。それは攻撃ではないので恐れることはない。むしろ，少なくとも聴衆の何人かは話したことに興味をもったので，プレゼンテーションが成功したということを示している。先に述べたように，プレゼンテーションの本質は相互作用と対話であるから，質問はよいプレゼンテーションの中心的事項である。質問はいくつかのおもしろい事柄の詳細，あるいは時間が足りなくて説明を省略した理論などを話す貴重なチャンスを与えてくれる。

質問をプレゼンテーションの途中で受けるか，あるいは終わりまで待ってくれるように聴衆に話すかは，個々人の選択に依存する問題である。また，だれかが質問をしたとき，かれらがいいたいことを話すために，十分な時間を与えるべきであり，非常に長い時間話し続けたり，あるいは質問をするというより質問者自身の独演をしているような場合以外はさえぎらないようにする。もし，長い複雑な質問の全部を覚えられないという心配があったら，質問者が話

3. Handouts

- Prepare a handout for your audience
- Give handout *before* the presentation begins
- Do not include *too much* detail
- Leave some blank space for note-taking
- Include your name and contact details

Questions are Good

- A good presentation has interaction and dialogue
- Questions are the *heart* of a good presentation

Don't fear the question and answer section

している間にメモをとると役立つ。この目的のため，ペンとメモ用紙を忘れないように注意する。

質問に答える前に，質問を理解しなければならない。そのために役に立つ一つの方法は，答える前にそれを復唱することである。これは，質問者にとっても質問を理解したかどうかをチェックするのに役立つ。なぜなら，もし質問を理解できていないならば，質問者は正すことができるからである。また，復唱することは，ほかの聴衆がそれをもう一度聴くチャンスとなるし，特に質問者の声が小さかった場合には役に立つ。さらに，復唱している間，質問の意味をはっきりさせ，答えやすいように再構成することができる。

もしなにかの理由で質問を理解できない場合には，いくつかの対応方法がある。第１に，質問をもっとやさしい表現で言い換えてくれるように，あるいは質問者の用いた術語を定義してくれるように，またはもっとゆっくりと大きな声で話してくれるように質問者に頼むことができる。このとき

・I can't understand your question.

といってはいけない。これでは質問の仕方が下手だといっているようなものであるので，もっと礼儀正しく

・I'm sorry, but would you mind speaking a little more slowly ?

あるいは

・I'm sorry, but would you mind saying that in another way ?

と頼んでみる。それでも理解できなければ，座長あるいは聴衆のほかのメンバーに，助けてくれるように頼むこともできる。最後に，いろいろ言い換えてもらってもどうしても理解できない場合には，質問者にわびて

・I'm very sorry, but I still cannot understand your question. Would you mind asking me again after the presentation is over ?

といって，プレゼンテーションの後で個人的に質問してくれるように頼む。これらの方法は，正しくないことを答えたり，くだらないことを話したりするよりもはるかによいことである。

質問が理解できたら，簡潔に，はっきりと，正しく，そして的を射て答えるべきである。なにかの理由で（例えば商業上の秘密を守るため）答えたくなかったら，礼儀正しく辞退したい旨を伝える。例えば

・I am very sorry, but for reasons of business confidentiality, I am unable to answer that question.

自分の研究に対する質問をいくつか予想できるならば，それに対して前もってその答えを用意しておくことができる。さらに，その答えに対するスライドを作っておくこともできるであろう。

Answering questions

- Be courteous to the questioner
- Make notes during long questions
- Repeat the question before answering it
- Your answer should be:
  - Brief
  - Clear
  - Truthful
  - Polite
- Prepare answers in advance

If you cannot understand the question

- Ask the questioner to …
  - speak more slowly
  - speak more loudly
  - rephrase the question
- Ask the chairperson or audience members to help you

*If you **really** cannot understand the question …*

- Apologize to the questioner
- Suggest to speak to the questioner privately after the presentation
- Do *not* say something vague or untrue

3.3 その他の事項

3.3.1 緊張への対処

程度の差はあるが，ほとんどの人は聴衆の前で話すときに緊張する。緊張とリラックスの感覚を均衡させることは難しい問題である。ある程度の緊張と不安は，聴衆の前でよいパーフォーマンスを行うために必要だということもおそらく事実であるが，多くの人がもつ困難は，それを処理可能なレベルに保てるかということである。この節では，緊張への対処の仕方についていくつかの助言をする。

〔**1**〕 **発表の前：長期的戦略**　緊張を和らげるための最もよい方法は，経験を積むことである。日本語であろうと英語であろうと，自分の仕事に関するプレゼンテーションをできるだけ多くの機会を見つけ，実行してほしい。3.1.1項に書いたように，プレゼンテーションをすることは**技量**（skill）である。そして技量を改善するただ一つの方法は，一生懸命に練習を繰り返すことに尽きる。

聴衆の前で英語で話すときの不安に対して，一つの有効な対処法は「攻撃は最大の防御なり（Attack is the best form of defence.）」とでも呼ぶことができるつぎのような方法である。まず，まだ日本にいるときに，これから出席する国際会議において，あなたの講演以前にプレゼンテーションをする研究者の論文の中で興味があり，また彼らが今回発表するものと関係がある論文をいくつか手に入れる。そして，それらを読んで質問のリストを作っておく。つぎに会

Dealing with stress

- Stress is caused by our over-active imaginations
- There is nothing to fear but fear itself

1.Before the conference
long-range strategies

- Prepare your presentation as *well* as you can
- Practice your presentation as *much* as you can
- Gain experience by giving presentations as *often* as you can

議において，彼らのプレゼンテーションに出席し，質疑応答時間に，用意した質問を一つか二つ行う。彼らの回答がわからなくてもあまり気にしないようにしよう。このおもな目的は，会議の聴衆の前で英語でなにかを話すことにより「**緊張をほぐす** (break the ice)」ことだからである。会議において英語で話したという事実は自信をつけさせてくれるであろう。

緊張を和らげるため，つぎのような戦略もまた役に立つ。会議への旅行の計画を立てるとき，いくつか観光（観光が許されないなら，なにかの用事）をする十分な時間もとる。しかし，その観光は会議の後ではなく，前に行う。日本の同僚と一緒ではなく，一人で出かけよう。また，レンタカーを借りずに公共交通機関を利用し，その土地の人々と話す機会をできる限り作る。この小旅行は，リラックスさせ，日常の口語体の英語で意志の伝達をする貴重な経験となり，さらに自分の耳を，習ってきた標準英語とは異なる地方のアクセントに「**同調させる** (tune in)」ことにも役立つ。

〔**2**〕　**発表の前：短期的戦略**　　プレゼンテーションの当日，部屋の大きさ，音響機器，座席の並びなどに慣れておくため，講演室へ十分な時間的余裕をもって着かなければならない。聴衆の何人か，例えば早く到着した人たちと知り合いになり，かれらと親しく言葉を交わすとよい。特に，聴衆の中のネイティブスピーカーでない人と雑談をしよう。かれらはその会議で知り合いが少ないので喜んで話をしてくれると思う。座長とも親しく言葉を交わそう。これらの人たちは，通常は会議の経験が豊富な年輩であるし，もしかれらが親切な人なら，その落ち着いた態度で元気にさせてくれる。

もし会議の直前になって緊張してきたならば，緊張をほぐすいくつかのこと

'Attack is the best form of defence'

- Sightseeing – do it *before* the conference
- Use English at the conference *before* you give your presentation

2. Before your presentation
short-range tactics

- Build up confidence
  - Arrive early at the room and make it your 'territory'
  - Get to know the audience, especially the chairperson
  - Visualize yourself giving your presentation successfully
- Relax
  - Do not rush: give yourself plenty of time
  - Try doing breathing exercises
  - Find a quiet spot

がある。喫煙者はたばこを吸い，また，多くの人は深呼吸して気持ちを落ち着かせる。筆者は会場の中で，忙しく，ばたばたとした所から離れた静かなコーナーを見つけ，そこで30分ほど講演原稿を読むことにしている。

また，本章の最初に紹介した抜粋のことも思い出してほしい。熟達したネイティブスピーカーでも，標準英語からかけ離れた英語を使うのだから，ネイティブスピーカーでない講演者はわかりやすい英語を話せばよいのである。

〔3〕 プレゼンテーションの最中：応急手当　何人かの人は，講演のとき「自分は，いま緊張しています。」と聴衆に話すが，筆者はそれはよいやり方であるとは思わない。結局のところ，だれでも多かれ少なかれ緊張しているものであるし，聴衆はそのことに対してほとんど関心がない。かえって，プレゼンテーションの間に親しくなることの妨げになる可能性がある。講演者が緊張していても，それを外に出さない方法はあるのだから，気づいていないことにわざわざ聴衆の注意を向けることは間違いだと思う。それをいってしまうと，振る舞いの中に緊張が表れていることに皆が注目していると思い始め，ますます緊張してしまうかもしれない。

多くの講演者は，プレゼンテーションの最初の1，2分の間は緊張し，その後徐々に平静になり，かれらの関心は発表という仕事に向いていくものである。その理由から，最初の導入のところだけメモを読む人たちもいる。

話しているとき緊張すると，早口になりがちである。するともっと不安になり悪循環に入る。講演者がすべきことは，この悪循環を断ち切ることである。この状況でできる最もよい方法は，どうにかして**ペースを落とす**ことである。

それを行う最もよい場所は，プレゼンテーションの中での節の変わり目であ

Remember …

- The audience **wants** you to succeed
- **Nobody** expects your English to be perfect

3. During your presentation
emergency first aid

- The first two minutes are the worst
- Do not tell the audience that you are nervous
- Try to break out of the vicious circle

ろう。ここでそれまでのまとめのスライドを入れるとよい。そこで立ち止まり，深呼吸をし，気持ちを落ち着かせる。聴衆もこの「間（pause）」を歓迎するであろう。というのは，それまで聴いたことを吸収する時間ができるし，頭を整理できるからである。もし，緊張が英語で話すことの難しさからくるのだったら，短く，単純な英語のほうがよいのだということを思い出してほしい。

ある人は，緊張を解きほぐすため，「聴衆は服を着た人ではなく，袋に入ったジャガイモだと思え」という。しかし，筆者はこれまでこれを試したことはないので，その効果を立証できない。

3.3.2　会議で成功するためのヒント

単にプレゼンテーションをするということ以外にも，国際会議に出席するいろいろな理由がある。そして，プレゼンテーションはわずか15分であるが，会議そのものは数日（夜も）続いている。事実，多くの会議の常連は，講演室

Breaking out of the vicious circle

- Slow down
  - This is the answer to most presentation problems
  - Pause: do not be afraid of silence
- Invite questions
- Simplify your English
- If in doubt, go to the next slide

Things people do at conferences

- take part in committee meetings
- network
- look for work or funding
- find out whose research is fashionable
- make friends (and enemies!)
- find collaborators
- sign publishing contracts
- go sightseeing
- do shopping
- dance
- get drunk
- fall in love ...　　　... and so on

の外（コーヒーラウンジ，食堂など）で行われていることのほうが講演室内のことよりももっと重要で，おもしろいということを知っている。通常の公式的なプレゼンテーションを別にすると，会議は委員会を行い，たがいのネットワークを作り，仕事を探し，研究資金を求め，だれの研究が目新しくだれの研究がそうでないかを見つけ，友だち（敵ではない）を作り，共同研究者を見つけ，出版の契約をし，見物をし，珍しい食べ物を楽しみ，お酒を飲み，恋に落ち……といろいろなことが行われている。会議から多くのことを得るために，これらのうちいくつか（全部ではない）をするように努めるべきである。

〔**1**〕 **会議の前に：準備**　会議から多くのものを得るためには，十分な準備をすることである。これは，単にプレゼンテーションの準備をすることだけではない。会議は**情報を与える**だけでなく，**情報を得る**場所であるということも思い出してほしい。また，講演室の中で行われていることは，情報を交換するほんの一部であることも思い出してほしい。会議はきわめて社会的な行事であり，その社会的側面を無視すると，貴重なチャンスを失う。したがって，準備も十分このことを考慮に入れて行う必要がある。

まず第1に，プレゼンテーションの当日だけでなく，なるべく長く会議に出

How to have a successful conference

What happens *outside* of the lecture rooms is often more important and more interesting that most of what happens *inside* them

Three kinds of hints for a successful conference

1. **Before** the conference
2. **During** the conference
3. **After** the conference

1. Before the conference
Preparation

- Be well prepared
- Read the programme, check the website
- Find out who else will be presenting
- Plan which presentations to attend
- Contact other presenters and ask them to meet you at the conference

*Conferences are **social** events*

- Plan to attend the conference for as many days as possible
- Request a presentation day in the middle of the conference
- Sign up for some of the social events
- Prepare your ‘Who are you and what are you studying?’ self-introduction speech

席し，晩餐会（banquet）や見学ツアーにも積極的に参加しよう。

筆者の経験によると，会議の参加申し込み用紙による宿泊予約は（会議割引きがあったとしても），インターネットを使って自分で宿を探すよりはるかに高いことが多い。しかし一般的にいって，会議で公式に使うホテルに泊まると，食事のときなどにほかの参加者と知り合いになるチャンスが多い。この理由から，公式に指定されたホテルに泊まることを考えよう。しかし，インターネットで直接そこに申し込むほうが安くなるかどうかはチェックしたほうがよい。

会議のプログラムが公表されたら，すぐにそれをチェックして，どの発表を聴きに行くか計画を立てる。特に興味ある発表があったとき，その講演者の関係ある論文も手に入れておく。（会議の期間中に話をするときに備え）英語で書かれた名刺も忘れないように用意する。さらに，自分の最近の自信作の論文のコピーも用意するとよい。

そのほかに準備する物として，辞書（電子辞書が便利），テープレコーダ（IC レコーダが便利），デジタルカメラなども考えられる。

〔**2**〕 **会議の期間中：人と会う**　会議が始まったら，すぐにプログラムに変更がないかどうか調べる。特に，自分のプレゼンテーションの時間と場所は，真っ先に確認しなければならない。上手なプレゼンテーションをするという問題とは別に，最も重要なことは参加者と話をすることである。できるだけ多くの人と英語で話をするように努めよう。もし会議のはじめに，夕方の歓迎会（welcome party）があったら，それに出席し，（日本人ではない）参加者に積極的に話しかけるようにする。会議の中のあらゆるチャンス，例えばコーヒ

Things to pack in your suitcase

- Copies of your latest paper
- Electronic dictionary
- Tape-recorder or IC-recorder
- Camera

2. *During the conference*
Meeting People

- Talk to people. ***In English!***
- Talk to other participants during breaks and meal times
- Visit the poster presentations, talk to the presenters

ーブレイク（coffee break），昼食会（luncheon）などを利用して，簡単な会話，雑談をし，名刺を交換して知り合いになるよう努める。

もし，会議にポスターセッションがあれば，どれか選んで行ってみる。そこは，緊張のない状態で意見を交わすことができる場所であるからである。

筆者も，日本人がそうしたい気持ちはわかるが，会議の間はほかの日本人と過ごす時間はなるべく短くしたほうがよい。最近，筆者はシンガポールで開催された非常に大きな国際会議に出席したが，そこには多くの日本の学者が参加していた。驚いたことに，かれらは日本人だけのグループをいつも作りたがっていた。特に昼食や夕食のとき，一つのテーブルを日本人で占有し，もちろん

晩　餐　会

ずっと日本語で話をしていた。その雰囲気は，ほかの国の参加者がそのテーブルに着席する気持ちを失わせる。筆者は，かれらがほかの国からの学者とアイデアを交換し，ネットワークのリンクを作る貴重なチャンスを逃していると思わざるを得なかった。そして，かれらは会議以外の時間を，「Japanese three Ss」と呼ばれる国際会議における日本人の定型（stereotype）として過ごしていた。すなわち，いつも「Silent」で「Smiling」し，そして講演時間中にときどき「Sleeping」しながら。

〔**3**〕 **会議の後：徹底させる**　筆者の経験から，会議がどんなにおもしろくまた刺激的でも，会議から戻ってくると，まもなく学んだことを忘れてしまう。会議の経験を長く生かすために，後始末を徹底させる必要がある。

まず第1に，できるだけ早く，書いたノートを復習して訂正し，配布資料をファイルに整理する。名刺の整理もする。つぎに，依頼された論文のコピーを郵送する。会議のレポートをまとめ，同僚に回覧することも，記憶を確かにするのに役立つであろう。

Japanese three Ss
Smiling
Silent
Sleeping
(A Japanese professor)

3. After the conference
Following up

- Review and file your notes
- Send copies of your papers or handouts to people who requested them
- Contact presenters whose presentations you missed and ask them to send you a handout
- Write a report or give a presentation on the conference for your colleagues

3.4 まとめと結論

本章で，筆者は好意的な外国人の観点から，国際会議で英語によるプレゼンテーションを予定している日本人に，いくつかのアドバイスをしようとした。ここで述べた以外にも，この話題に関する多くの話すべきことがあると承知している。特に，プレゼンテーションのときに用いる英語の具体的な表現にはあまり触れなかったが，これに関しては，役に立つ本が非常に多く出ている。また，筆者のアドバイスはいくらか一般的な事柄であり，特に特定の分野の技術者に限定していない。これに関しても，幸い技術用語集が出ている。しかし，脳とコンピュータのアナロジーの話を思い出してほしい。自分のハードディスクを大きくしたい誘惑に打ち勝って，CPU の高速化に集中してほしい。言い換えれば，自分がすでにもっている英語の能力を使って仕事をすること，ただしもっと効果的にそれを使うように努力してほしい。そのためには練習と経験が必要であり，読む量はあまり役に立たない。結局，よいプレゼンテーションは実際的技量と自信の問題であり，理論的な知識からは生まれない。

以上，国際会議の講演者としての筆者の経験と，日本の学者の講演を聴いたときの経験に基づいて話してきたが，多くの文献も参考にさせていただいた。本章の最後に文献リストを載せてある。これらの著者に対して，ここに厚く感

Summary
&
Conclusions

Part 1 English is a global language

- *Nobody* speaks Perfect English

  So you do not have to either!

- English belongs to everyone – it's your language too

  So use it confidently!

Part 2 Successful Presentations

- A presentation is not a paper

  So don't just read it!

- A presentation is a skill

  So practice it!

- Audiences forget things

  So tell them three times!

Part 2 Successful Presentations (cont.)

- A presentation is a performance

  So be entertaining!

- Visual aids improve your presentation

  So make and use them well!

- Questions are good

  So do not fear them!

Part 3　Don't worry, be happy

- The audience wants you to succeed

  So don't panic!

- The conference is a social event

  So relax, and talk to people!
  (in English)

Any Questions?

謝の意を表したい。

引用・参考文献

1）久保田波之介：研究者のための国際学会プレゼンテーション，共立出版（1999）
2）Longman Dictionary of Contemporary English, (3rd Ed.), Harlow, Essex: Addison Wesley Longman (1995)
3）小野義正：ポイントで学ぶ英語口頭発表の心得，丸善（2003）
4）志村史夫：理科系のための英語プレゼンテーションの技術，The Japan Times（1996）
5）The Rice On-Line Writing Lab (RiceOWL): Designing Effective Oral Presentations
http://www.ruf.rice.edu/~riceowl/oralpres.html（2004年4月現在）
6）Dazzle 'em with Style
http://www.physics.ohio-state.edu/~wilkins/writing/Supp/dazzle.html（2004年4月現在）
7）Hong Kong Polytechnic University Center for Independent Learning: Presentation Planner
http://elc.polyu.edu.hk/cill/tools/presplan.htm（2004年4月現在）

4

特許明細書における英語のあり方

4.1 は じ め に

本章では，学んできた科学英語に関する内容の応用例として，英文特許明細書の書き方について解説する。筆者が弁理士としての仕事を始めた昭和30年代は技術導入の時代であり，対象となる難解な導入技術の理解に大変苦労した。その後，昭和40年代後半から技術輸出の必要性がいわれ始め，21世紀を迎えた現在，日本にとってグローバルな知的財産権の保護がきわめて大切になってきている。したがって，本書の読者である研究者，技術者の方々は，仕事上，外国特許を取得する必要性が必ず出てくると思われる。以下に，筆者の弁理士としての35年余に及ぶ実務経験から得たことを紹介するので，参考にしていただきたい。

まず，外国特許の取得手続きにおいて，翻訳の原文となる日本語の特許明細書は悪文が多く，きわめて難解なものである。また，特許技術を理解して分析することは，英語の翻訳者には無理であろう。このような背景から，日本語の特許明細書を英語の特許明細書に書き換えるにあたり，一般の翻訳者による逐語訳には限界があり，技術者自身が翻訳をする必要がある。また，各国における特許権の取得手続きに際しては，出願後に担当審査官から局指令を受領したとき，その指令書に記載された見解を正確に理解して的確な応答書を書くためにも，英文明細書の作成に自らがかかわることが大切である。

さらに，特許権の取得手続きにおいては外国の特許弁護士と面接して話し合

う機会も多くなるので，英会話の能力も必要になる。この際，通訳を介した意思の伝達では気持ちが伝わらず，その上会議に2倍の時間を費やすことになるから，通訳を介することなく直接話し合う会話能力もつけなければならない。

以上，英語を書く力，話す力が必要であることを述べたが，自己の専門分野における英会話には，けっして高度な英語力が必要とされるわけではないことを付言しておきたい。英会話の力としては，中学校の教科書にある会話に役に立つ構文を理解し，それを自由に使いこなすことができれば，日ごろ熟知している専門用語をある程度追加するだけで足りる。英文の特許明細書を書く場合にも，高等学校の教科書程度の英語でよい。要は，基本的な英語力を身につけ，それを継続して活用することが大切である。

4.2　英文特許明細書の書き方

米国にて特許権を取得する場合にどのようにして特許明細書を書くかについて，以下に説明する。

4.2.1　米国特許明細書の記載要件

米国特許明細書の書き方について，U.S. Code Section 112 はつぎのとおり規定している。

"The specification must include a written description of the invention or discovery and of the manner and process of making and using the same, and is required to be in such full, clear, concise, and exact terms as to enable any person skilled in the art or science to which the invention or discovery appertains, or with which it is most nearly connected, to make and use the same, and shall set forth the best mode contemplated by the inventor of carrying out his invention."

すなわち，この規定によれば，つぎの要件を満たすことが求められている。

① 発明を文章で記述すること。この記述は，その発明が属する技術分野のものならばだれでも実施できるように**明瞭**（りょう）**・簡潔に正確な用語**で記載したものでなければならない。

② 発明者が熟慮した結果得られた最良の実施形態を記述すること。

4.2.2 米国特許明細書の論旨の展開

米国特許明細書はつぎの順序で記載しなければならない。

① Title of the invention（発明の名称）

② Identification of inventors（発明者の明記）

③ Cross-references（関連発明の出願に関する記述）

④ Background of the invention（発明の技術的背景）

⑤ Summary of the invention（発明の概要）

⑥ Brief description of the drawings（図面の簡単な説明）

⑦ Detailed description of the preferred embodiments（最良な実施形態の詳細な説明）

⑧ Claims（請求の範囲）

4.2.3 特許明細書の読者

特許明細書は，だれが読者であるかをよく考えて書かなければならない。特許明細書の読者は，それぞれの役割に応じていろいろな視点から読み，またそれぞれ固有の問題を抱えている。

一般に，発明者（Inventor）は法律的な局面と請求の範囲（claims）の意味を理解していないことが多い。

一方，審査官（Examiner）は明細書を綿密に精査するので，読みやすいこと，誤記がないこと，十分な開示があること，請求の範囲に記載の文言が明細書の記載内容と整合していること，特に機械に関する発明については，請求の範囲の記載内容が図面に示されていることが重要となる。

また，ライバルとなる特許権の侵害者（Infringer）は，明細書の記載の誤りと不備を精査し，請求の範囲の記載および審査過程における拒絶理由に対する発明者の見解などを考慮して，侵害回避の手段を見つけようと努力する。

特許権の侵害について紛争が生じたときには裁判が行われるが，裁判においては裁判官（Judge），弁護士（Attorney at law），さらに陪審員（Jury）が特許明細書を読む。裁判官と弁護士は，法律の専門家であるが技術には素人である。陪審員はいろいろな職業の一般市民から構成されるので，まったく予備知識がないわけであるが，最終的にはこれらの陪審員を納得させなければならない。

以上のすべての人たちに発明の内容を理解させるためには，難しいことを書いては説得が不可能である。したがって，難しい技術内容を分析して簡単な表現に解きほぐし，簡潔に記述する思考能力が必要であり，さらにそれをやさしい英語で書く力が必要である。すなわち，特許明細書の記載においては「Simple sentences are best」である。

4.2.4 「請求の範囲」の記載目的

「請求の範囲」の記載は，特許発明の保護範囲を明確に定義して確定することにその最終的な目的がある。 この反面，「請求の範囲」の記載においては，明細書に記載した発明の技術的な新規事項（novelty）と，従来技術からは想定できない進歩性（non-obviousness）の根拠となる事項を的確に定義することが肝要であり，この定義が不特定・不明瞭である場合にはその発明に付与された特許権が無効になるおそれがある。また，「請求の範囲」の記載は発明者と第三者がその発明について議論する場合の共通の基盤を提供するものであり，特許商標局（Patent and Trademark Office）においては担当審査官の審査対象とされ，その発明の先行技術の調査分野を明確にして，その発明資料に基づいて同発明の新規性と進歩性が判断される。換言すれば，明細書に記載して開示した発明が新規性，進歩性などの特許要件を備えていても，「請求の範囲」にて定義された発明が特許要件を備えていないときには特許権が付与されず，仮に特許権が付与されても後日その有効性が問われたときには無効になる。したがって，「請求の範囲」は，上記事項を理解して，特許権の付与を求める発明に必須不可欠な構成要件を，明瞭・簡潔に，不用意な限定事項を加えることなく記載しなければならない。

4.2.5 「請求の範囲」の書き方

上述したとおり，特許明細書における「請求の範囲」の記載は，特許権の取得においてきわめて重要であるので，ひとまず英語の書き方という観点から外れて，その記載方法について説明する。

一般に，米国特許明細書および欧州特許明細書の記載内容を理解する場合には，その末尾に記載されている「請求の範囲」を読めば発明の要旨を理解できる。そこで，特許明細書における「請求の範囲」の記載を的確に理解するため，「請求の範囲」の記載がつぎの構成から成り立っていることを知っておくと便利である。

請求の範囲の文章構成：

① Preamble（まえがき）

② Transition（つなぎ）

③ Body （本文）

〈例〉

WHAT IS CLAIMED IS :

A steering apparatus for an automotive vehicle [**Preamble**], comprising [**Transition**]:

a steering mechanism for steering a set of road wheels on a road surface, the steering apparatus including a tubular housing adapted to be mounted on a body structure of the vehicle to support a rack member displaceable in a lateral direction, first and second tie rods, said first tie rod connected to one end of the rack member, said second tie rod connected to opposite end of the rack member ; and first and second elastic dust boots applying a pre-load force to the set of road wheels which is predetermined by taking into account a lateral inclination of the road surface and a ply-steer residual cornering force of tires on the road surface so as to bias the set of road wheels in a predetermined lateral direction when the steering wheel is retained in a neutral position, said first dust boot coupled at one end to said first tie rod and at the other end to said tubular housing, said second dust boot coupled at one end to said second tie rod and at the other end to said tubular housing. [**Body**]

一般に,「Preamble」においては発明の適用対象が定義され,「Transition」においては comprising, including, consisting of , consisting essentially of などの表現が用いられ,「Body」においては機能的要素（operative elements）がその機能の相関関係を明確にして定義され，あるいは成分（components）が特定される。

4.3 翻訳における注意事項

最初に述べたように，特許明細書の日本語の文章は一般的にきわめて理解しにくいことが多い。したがって，これをそのまま翻訳者に頼んでもわかりやすい英文に翻訳できるはずがないので，どうしても自分で翻訳する必要がある。それでは，自分で簡潔に翻訳するにはどうしたらよいのだろうか。以下に，その注意点を述べる。これら注意点の多くは,「逐語訳」から生じやすい問題である。技術英語は，英語の問題ではなく，技術内容の解析の問題であるということに留意する。

○原稿の不適切・不明瞭な記載の訂正　日本語の原文に振り回されないこと。すなわち，日本語で理解困難な事項はわかりやすい表現に直す。

○日本語の表現形式に惑わされないこと　先の章でも述べられているが，日本語の文章では結論が最後に書かれることが多く，一方，英語の文章では結論を最初に書くことが多い。このように，日本語の文章と英語の文章は基本的に表現形態が異なるので，日本語を英語に翻訳するときには構文の骨組みを変える必要が生じる。また，自分が書いた日本語の原文であっても，それが本当に簡潔な表現になっているか，あるいはもっと別のよい表現はないかとつねに疑問をもって読み直すとよい。

○複雑な構文を用いないこと　逐語訳をすると，複雑な構文になりがちである。このようなとき，短い文章に分割してわかりやすい表現にし，また文法上のさまざまな問題が生じないように，簡単な表現形式を採用するのが賢明である。

○キーワードを明確にすること　一つの文あるいは節の中で，たくさんのことを伝えようとせず，なにをわかってほしいか，そのキーワードをはっきりさせる。

○意味上の主語を的確に選択すること　同じことを伝えるにしても，回りくどい言い方をせず，文章を簡潔な表現に置き換えて意味上の主語を的確に選択する必要がある。主語の選択いかんによっては構文が複雑になる。

○カタカナ英語に引きずられないこと　日本語の技術用語にはカタカナ英語が多く用いられているため，その正しい英語を確認することが肝要で，カタカナ英語に引きずられると誤訳の原因となり，誤解を招くことがあるので注意する必要がある。これは，一般的な技術文献の記載において技術用語の適切な訳語が見つからず，英語の原文を不適切なカタカナで表現した文章が多く，その意味を正確に理解しないで慣用されていることに起因している。

4.4 翻訳の実例

機械分野の特許明細書を英語に翻訳する場合の実例を説明する。この例は，日本特許第3399061号公報（米国特許第5979918号公報）によって開示された「車両用ステアリング装置に関する発明」の特許明細書を翻訳した例である。この特許明細書に記載した発明は，車両の直進走行特性を高めるようにした車両用ステアリング装置を提供するもので，以下にその図面とともに日本語の原文を示して，各パラグラフの翻訳の仕方を述べることにする。

【図面】

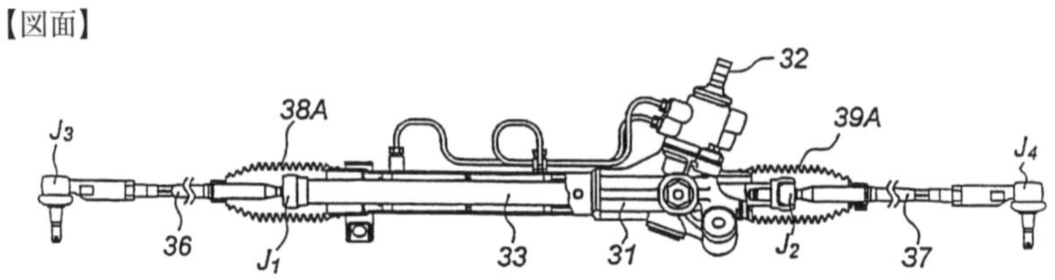

【符号の説明】

31：筒状のハウジング，*32*：ピニオンシャフト，*33*：ラック，

36, *37*：タイロッド，*38A*, *39A*：ダストブーツ，

J_1, J_2, J_3, J_4：ボールジョイント

原文：

【産業上の利用分野】本発明は，車両用ステアリング装置，特に車両の直進走行特性を高めるようにした車両用ステアリング装置に関するものである。

訳文：

【Field of the Invention】 *The present invention relates to* a steering apparatus for automotive vehicles, and more particularly to *an improvement of* the steering apparatus capable of *enhancing* a straight running characteristic of the vehicle.

この翻訳において，“The present invention relates to a steering apparatus ...”という文は，発明の適用対象を明確にするとともに，その技術分野を示す文の慣例であって，通常“The present invention relates to ...”または“This invention is concerned with ...” という表現が使用される。また，“an improvement of ” という文言は原文にはないが，この発明が改良発明であると理解して訳者の判断で入れた。なお，“enhance” という用語は，各種の技術分野において「性能を高める。または，特性を向上させる。」というときに一般に用いられている。

原文：

【従来の技術】車両用ステアリング装置の一つとして，車幅方向に変位するラックと，このラックの両端にそれぞれ揺動可能に連結され前記ラックの変位量に応じて操舵輪に舵角を与える左右一対のタイロッドと，前記ラックを変位可能に支持して車体に固定されるハウジングと，このハウジングの各端部と前記各タイロッドのラック側端部に両端にてそれぞれ取付けられて前記ラックの外側及び同ラックと前記各タイロッドの連結部を被覆するダストブーツを備えた操舵力伝達系を採用したものがあり，例えば，実開平 1-144170 号公報に示されている。

訳文：

【Prior art】 *Disclosed in* Japanese Utility Model Laid-open Publication Hei No. 1-144170 *is* a steering apparatus of the rack-and-pinion type for an automotive vehicle *which includes a tubular housing mounted on the vehicle body to support a rack member displaceable in a lateral direction*, a pair of tie rods each connected to the opposite ends of the rack member to steer a set of road wheels in accordance with lateral displacement of the rack member, a pair of dust boots each coupled at their one ends with the tubular housing and at their other ends with the tie rods to encompass each joint portion of the tie rods with the rack member.

この翻訳においては，車両用ステアリング装置の従来技術を説明するのであるが，「ハウジング，ラック，タイロッド，ダストブーツ」などの複雑な組つけ構造を簡単に理解しやすく翻訳することが求められる。このため，下記の基本構文を活用することにした。

“Disclosed in A is B which includes (or comprises) X, Y, Z ...”

この構文によれば，X, Y, Z などの構成部材の組つけ構造と機能を詳細に理解しやすく説明することが可能となる。また，英語の訳文では，日本文の最後にある「実開平 1-144170 号公報」を文頭にもってくるのが望ましい。このように，結論的な事柄を最初に記載することが英語として適切である。なお，上記の原文における「車幅方向に変位するラックと」という記載は，ラックの支持構造が不明瞭なので，訳文においては “a tubular housing mounted on the vehicle body to support a rack member displaceable in a lateral direction,” と記載した。

原文：

また，従来の車両用ステアリング装置においては，左右対称の操舵特性が得られるように構成されていて，平坦路にてハンドルを中立位置にして手放し状態で走行した場合，ハンドルが中立位置に保持されるようになっている。

訳文：

In such a conventional steering apparatus as described above, the steering characteristic is *symmetrical in left and right directions* to maintain the steering wheel in a neutral position even if the driver *causes* the vehicle *to* travel on a flat road without holding the steering wheel.

この翻訳においては，本文の主語として “the steering characteristic” を選んで「左右対称の」という意味を “symmetrical in left and right directions” と記載したことによって簡潔な表現になり，さらに「ハンドルが中立位置に保持されること」を不定詞によって “to maintain the steering wheel in a neutral position” と記載した。これにより，主語である「操舵（だ）特性」の意味が明らかになる。また，“even if the driver causes the vehicle to travel on a flat road without holding the steering wheel.” という表現は「運転者が手放し状態で走行している様子」が想定されるようにした記載であって，ここに用いた “A causes B to do” という表現は「ある作動がある結果をもたらす」ということを記載するときに有用な表現であるので活用すると便利である。

原文：

ところで，通常の路面は平坦路でも水はけ性等を考慮して路面中央を山とする傾斜が施されており，かかる路面でハンドルを中立位置にして手放し状態で走行させた場合，路面の傾斜に応じてハンドルが中立位置から一方（左側走行路の場合は左側，また右側走行路の場合は右側）に変位し，当該車両が一方に流れて直進走行しなくなる。なお，車輪にラジアルタイヤ（回転によって得られる横力，すなわちプライステア残留コーナリングフォースが右方向に作用する左側走行路用と左方向に作用する右側走行路用がある）を装着した場合には，同タイヤ自体によって得られるプライステア残留コーナリングフォース（この力によってハンドルが変位することはない）によって上記した路面傾斜による問題を抑制することも可能であるが，プライステア残留コーナリングフォースが大きい場合には当該車両が路面の傾斜に対して逆方向に流れるおそれがある。

訳文：

In general, the surface of the flat road is, however, raised at a central portion of the road for drainage. Accordingly, if the driver causes the vehicle to travel on the flat road without holding the steering wheel placed in the neutral position, the steering wheel will be displaced leftward or rightward from the neutral position in accordance with lateral inclination of the road surface. As a result, straight travel of the vehicle may not be maintained. In the case that the road wheels of the vehicle are equipped with radial tires for traveling on a left or right lane of the travel road, a ply-steer residual cornering force caused by the tires themselves acts to restrain the lateral displacement of the vehicle. If the ply-steer residual cornering force is excessive, however, the vehicle tends to travel in an opposite direction against the lateral inclination of the road surface.

この訳文においては，原文が長文であるので，その意味することが「道路の路面の傾斜状態」，「直進走行中の車両の変位」および「ラジアルタイヤを装着した車両の変位」であることを確認して，上に記した五つの短文によって問題の所在を明らかにした。この場合，それぞれの文におけるキーワードを明確にするためいかなる主語を選択するかが重要であって，上記の訳文においては，“the surface of the flat road”, “the steering wheel”，“a ply-steer residual cornering force”，“straight travel of the vehicle”, “the vehicle” などの語を主語として選択したことによって，それぞれの文の意味が明瞭になる。なお，原文の括弧書きの部分は翻訳しなくてもその意味が理解できるので，文の構成を簡潔にするためその訳を省略した。

原文：

本発明は，上記した実状に鑑みてなされたものであり，諸般の事情を予め考慮しハンドルを中立位置として手放し状態で走行した場合に当該車両が流れる方向とは逆方向にハンドルが切れて同車両の直進走行性が改善されるようにすることを目的としている。

訳文：

It is, therefore, a primary object of the present invention to provide an improved steering apparatus for an automotive vehicle capable of enhancing a straight running characteristic of the vehicle in a condition where the steering wheel is placed in a position corresponding to the straight ahead travel.

この翻訳においては，原文にて「上記した実状に鑑(かんが)みてなされたものであり，諸般の事情を予め考慮し」と記載されているものの，その意味が不明であるので，この記載に惑わされることなく発明の目的を明確にするため，原文を逐語訳することなく，「操舵ハンドルが直進走行時の位置にある状態にての直進走行特性を高めること」に目的があると理解して，上記のとおり翻訳した。この場合，原文における「ハンドルを中立位置として手放し状態で走行した場合」とは，「運転者が操舵ハンドルを手放し状態で危険な運転をしている場合」ではなく，「運転者が操舵ハンドルを軽く支えて直進走行している場合」を表現しようとしたものと理解した。このように日本語の原文が意味不明であったり悪文であったりしたときには，その真意を可能な限り正確に理解して翻訳することが肝要である。

原文：

上記の目的を達成するため，本発明は，車体に固定した筒状のハウジング内にて同車体の横方向に変位可能に支持したラックと，該ラックの両端に連結されて一組の操舵輪を転舵可能に支持する左右一対のタイロッドと，該タイロッドの一方のタイロッドにその一端を組付けてその他端を前記ハウジングの一端に組付けた第１の弾撥手段と，他方のタイロッドにその一端を組付けその他端を前記ハウジングの他端に組付けた第２の段撥手段とを備えて，前記操舵輪を路面上にて転舵させる車両用ステアリング装置において，一般的な走行路面の横方向の傾斜を考慮して定めた予備荷重を前記第１の弾撥手段と第２の弾撥手段に付与して，前記操舵ハンドルが中立位置に保持されるとき前記操舵輪が所定の横方向に付勢されるようにしたことを特徴とするステアリング装置を提供するものである。

訳文：

According to the present invention, the object is accomplished by providing a steering apparatus for an automotive vehicle which comprises a steering mechanism for steering a set of road wheels on a road surface, the steering mechanism including a tubular housing mounted on a body structure of the vehicle to support a rack member displaceable in a lateral direction, a pair of tie rods each connected to the opposite ends of the rack member to steer a set of dirigible road wheels, first resilient means connected at one end to one of the tie rods and at the other end to one end of the housing, and second resilient means connected at one end to the other tie rod and at the other end to the other end of the housing, wherein the first and second resilient means are applied with a pre-load determined in consideration with lateral inclination of a normal road surface to bias the road wheels in a lateral direction in a condition where the steering wheel is placed in a position corresponding to the straight ahead travel.

この翻訳においては，先に説明した特許明細書における「請求の範囲」の記載方法に基づいて，この発明の主要な構成要件を明確にするため前段の記述においては適用対象となるステアリング装置の構成を特定し，後段の記載において主要な機能的要素（operative elements）である「第１の弾撥手段と第２の弾撥手段の機能」を定義した。この場合，原文における「上記の目的を達成するため，本発明は，...」という記載を “According to the present invention, the object is ...” と表現したことによって，複雑な構造を簡潔な文章で記載することができる。

原文：

上記のように構成した車両用ステアリング装置においては，一般的な路面の横方向の傾斜による車両流れに対向するように上記弾撥手段の予備荷重を調整することにより，操舵ハンドルを中立位置にして手放し状態で走行した場合，当該車両が流れる方向とは逆方向に操舵ハンドルが切られて車両流れが低減し，車両の直進走行性が維持される。また，上記弾撥手段として操舵力伝達系のダストブーツを活用した場合には，部品点数の増加をもたらすことなく実施できる利点がある。

訳文：

In the steering apparatus for automotive vehicles described above, the pre-load of the resilient means is adjusted to act against the movement of the vehicle caused by inclination of a normal road surface in a lateral direction. With such adjustment of the resilient means, the steering wheel is applied with an effort acting in an opposite direction against the lateral movement of the vehicle in a condition where the steering wheel is placed in the neutral position without holding. This is effective to restrain the lateral movement of the vehicle thereby to enhance the straight running characteristic of the vehicle. In the case that dust boots in the steering mechanism are utilized as the resilient means, the present invention can be practiced without any increase of the component parts.

この翻訳においては，本発明の車両用ステアリング装置における主要な機能的要素である「弾撥手段」の機能とその利点を明確に記載するため，日本語の原文を短文に分割してそれぞれの文章における主語を適切に選択することに配慮した。この場合，原文に記載の技術内容を正確に理解することが肝要であって，その理解に基づいて各文章における主語を選択することになるので，このような翻訳を逐語訳しかできない翻訳者に求めることには無理がある。この意味において，それぞれの技術分野における技術者が自ら翻訳することを推奨する。なお，最近では機械翻訳をするソフトウェアが開発され容易に利用できるようになってきたので，これを有効に活用して技術者がその技術的思想の真意を直接表現するのに本章で述べた事項が参考になれば幸いである。

4.5 ま　と　め

以上，英文特許明細書の書き方を解説してきたが，最後にいま一度，要点をまとめておく。

① 日本語の特許明細書の不適切・不明瞭な表現に振り回されないように注意し，発明者が述べようとしていることの本当の意味を理解して，内容をなるべく簡潔な表現で記載すること。

② 技術英語は英語の世界ではなく，技術分析の世界であると認識すること。

③ 日本語の原文を逐語訳しないこと。

④ 一般に，日本語の文章は主語があいまいな書き方をしていることが多いので，英訳に際して適切な主語を選択し短文で記載すること。

引用・参考文献

1） 特許庁技術懇話会編：特許実務用語和英辞典（第２版），日刊工業新聞社(2003)
2） 和英特許用語集，パトロ・インフォメーション（1999）
http://www.patro.co.jp/（Patro Information K.K. 和英特許用語辞典）（2004年4月現在）

付録１：日本・米国特許公報の例

日本の特許公報と米国の特許公報の例を参考までに次頁以下に示す。

(19)日本国特許庁（ＪＰ）　(12)**特　許　公　報**（Ｂ２）　(11)特許番号
特許第3399061号
（P3399061）

(45)発行日　平成15年４月21日(2003.4.21)　(24)登録日　平成15年２月21日(2003.2.21)

(51)Int.Cl.⁷	識別記号	ＦＩ	
Ｂ６２Ｄ　3/12	５０３	Ｂ６２Ｄ　3/12	５０３Ｅ
	５０５		５０５Ｚ

請求項の数４（全　４　頁）

(21)出願番号　特願平5－324021
(22)出願日　平成５年12月22日(1993.12.22)
(65)公開番号　特開平7－172323
(43)公開日　平成７年７月11日(1995.7.11)
審査請求日　平成12年12月12日(2000.12.12)

(73)特許権者　000003207
トヨタ自動車株式会社
愛知県豊田市トヨタ町１番地
(72)発明者　岡下　隆一
愛知県豊田市トヨタ町１番地　トヨタ自動車株式会社内
(72)発明者　杉本　尚康
愛知県豊田市トヨタ町１番地　トヨタ自動車株式会社内
(74)代理人　100064724
弁理士　長谷　照一　（外２名）

審査官　西本　浩司

(56)参考文献　実開　平2－57774（JP，U）
実開　昭55－46009（JP，U）
実開　平1－144170（JP，U）

最終頁に続く

(54)【発明の名称】　車両用ステアリング装置

1

(57)【特許請求の範囲】

【請求項1】　車体に固定した筒状のハウジング内にて同車体の横方向に変位可能に支持したラックと、該ラックの両端に連結されて一組の操舵輪を転舵可能に支持する左右一対のタイロッドと、該タイロッドの一方のタイロッドにその一端を組付けその他端を前記ハウジングの一端に組付けた第1の弾撥手段と、他方のタイロッドにその一端を組付けその他端を前記ハウジングの他端に組付けた第2の弾撥手段とを備えて、前記操舵輪を路面上にて転舵させる車両用ステアリング装置において、

一般的な走行路面の横方向の傾斜を考慮して定めた予備荷重を前記第1の弾撥手段と第2の弾撥手段に付与して、前記操舵輪が中立位置に保持されるとき前記操舵輪が所定の横方向に付勢されるようにしたことを特徴とする車両用ステアリング装置。

2

【請求項2】　車体に固定した筒状のハウジング内にて同車体の横方向に変位可能に支持したラックと、該ラックの両端に連結されて一組の操舵輪を転舵可能に支持する左右一対のタイロッドと、該タイロッドの一方のタイロッドにその一端を組付けその他端を前記ハウジングの一端に組付けた第1の弾性ダストブーツと、他方のタイロッドにその一端を組付けその他端を前記ハウジングの他端に組付けた第2の弾性ダストブーツとを備えて、前記操舵輪を路面上にて転舵させる車両用ステアリング装置において、

10

一般的な走行路面の横方向の傾斜を考慮して定めた予備荷重を前記第1のダストブーツと第2のダストブーツに付与して、前記操舵輪が中立位置に保持されるとき前記操舵輪が所定の横方向に付勢されるようにしたことを特徴とする車両用ステアリング装置。

監修　日本国特許庁

特許公報の例

（2）　特許３３９９０６１

3

【請求項３】　前記第１のダストブーツを前記予備荷重に対応する量だけ緊張して組付け、前記第２のダストブーツを前記予備荷重に対応する量だけ圧縮して組付けたことを特徴とする請求項２に記載の車両用ステアリング装置。

【請求項４】　車体に固定した筒状のハウジング内にて同車体の横方向に変位可能に支持したラックと、該ラックの両端に連結されて一組の操舵輪を転舵可能に支持する左右一対のタイロッドと、該タイロッドの一方のタイロッドにその一端を組付けその他端を前記ハウジングの一端に組付けた第１の弾撥手段と、他方のタイロッドにその一端を組付けその他端を前記ハウジングの他端に組付けた第２の弾撥手段とを備えて、前記操舵輪を路面上にて転舵させる車両用ステアリング装置において、
一般的な走行路面の横方向の傾斜と前記操舵輪のプライステア残留コーナリングフォースを考慮して定めた予備荷重を前記第１の弾撥手段と第２の弾撥手段に付与して、前記操舵輪が中立位置に保持されるとき前記操舵輪が所定の横方向に付勢されるようにしたことを特徴とする車両用ステアリング装置。

【発明の詳細な説明】

【０００１】

【産業上の利用分野】本発明は、車両用ステアリング装置、特に車両の直進走行特性を高めるようにした車両用

4

イステア残留コーナリングフォースが右方向に作用する左側走行路用と左方向に作用する右側走行路用がある）を装着した場合には、同タイヤ自体によって得られるプライステア残留コーナリングフォース（この力によってハンドルが変位することはない）によって上記した路面傾斜による問題を抑制することも可能であるが、プライステア残留コーナリングフォースが大きい場合には当該車両が路面の傾斜に対して逆方向に流れるおそれがある。本発明は、上記した実状に鑑みてなされたものであり、諸般の事情を予め考慮しハンドルを中立位置として手放し状態で走行させた場合に当該車両が流れる方向とは逆方向にハンドルが切れて当該車両の直進走行性が改善されるようにすることを目的としている。

【０００４】

【課題を解決するための手段】上記の目的を達成するため、本発明は、車体に固定した筒状のハウジング内にて同車体の横方向に変位可能に支持したラックと、該ラックの両端に連結されて一組の操舵輪を転舵可能に支持する左右一対のタイロッドと、該タイロッドの一方のタイロッドにその一端を組付けその他端を前記ハウジングの一端に組付けた第１の弾撥手段と、他方のタイロッドにその一端を組付けその他端を前記ハウジングの他端に組付けた第２の弾撥手段とを備えて、前記操舵輪を路面上にて転舵させる車両用ステアリング装置において、一般

ステアリング装置に関するものである。

【０００２】

【従来の技術】車両用ステアリング装置の一つとして、略車幅方向に変位するラックと、このラックの両端にそれぞれ揺動可能に連結され前記ラックの変位量に応じて操舵輪に舵角を与える左右一対のタイロッドと、前記ラックを変位可能に支持して車体に固定されるハウジングと、このハウジングの各端部と前記各タイロッドのラック側端部に両端にてそれぞれ取付けられて前記ラックの外周及び前記ラックと前記各タイロッドの連結部を被覆するダストブーツを備えた操舵力伝達系を採用したものがあり、例えば実開平１－１４４１７０号公報に示されている。また、従来の車両用ステアリング装置においては、左右対称の操舵特性が得られるように構成されていて、略水平な平坦路にてハンドルを中立位置として手放し状態で走行させた場合、ハンドルが中立位置に維持されるようになっている。

【０００３】

【発明が解決しようとする課題】ところで、通常の路面は平坦路でも水はけ性等を考慮して路面中央を山とする傾斜が施されており、かかる路面でハンドルを中立位置として手放し状態で走行させた場合、路面の傾斜に応じてハンドルが中立位置から一方（左側走行路の場合は左側、また右側走行路の場合は右側）に変位し、当該車両が一方に流れて直進走行しなくなる。なお、車輪にラジアルタイヤ（回転によって得られる横力、すなわちプラ

的な走行路面の横方向の傾斜を考慮して定めた予備荷重を前記第１の弾撥手段と第２の弾撥手段に付与して、前記操舵輪が中立位置に保持されるとき前記操舵輪が所定の横方向に付勢されるようにしたことを特徴とする車両用ステアリング装置を提供するものである。

【０００５】

【発明の作用・効果】上記のように構成した車両用ステアリング装置においては、一般的な路面の横方向の傾斜による車両流れに対向するように上記弾撥手段の予備荷重を調整することにより操舵ハンドルを中立位置にして手放し状態で走行した場合、当該車両が流れる方向とは逆方向に操舵ハンドルが切られて車両流れが低減し、車両の直進走行性が維持される。また、上記弾撥手段として操舵力伝達系のダストブーツを活用した場合には、部品点数の増加をもたらすことなく実施できる利点がある。

【０００６】

【実施例】以下に、本発明の一実施例を図面に基づいて説明する。図１に示した車両用ステアリング装置は、右ハンドルで主として道路の左側走行路を走行する車両に装備されるものであり、このステアリング装置においては、ハンドル１０に加わる操舵力が操舵力伝達系Ａを介して両操舵輪２１，２２に伝達されて両操舵輪２１，２２が転舵されるように構成されている。なお、両操舵輪２１，２２は、回転によって得られる横力、すなわちプライステア残留コーナリングフォースが右方向に作用す

特許公報の例（つづき）

US005979918A

United States Patent [19]

Okashita et al.

[11] **Patent Number:** 5,979,918

[45] **Date of Patent:** *Nov. 9, 1999

[54] **STEERING APPARATUS FOR AUTOMOTIVE VEHICLE**

[75] Inventors: **Ryuichi Okashita; Naoyasu Sugimoto**, both of Toyota, Japan

[73] Assignee: **Toyota Jidosha Kabushiki Kaisha**, Toyota, Japan

[*] Notice: Under 35 U.S.C. 154(b), the term of this patent shall be extended for 464 days.

[21] Appl. No.: **08/926,986**

[22] Filed: **Sep. 10, 1997**

Related U.S. Application Data

[63] Continuation of application No. 08/669,825, Jun. 26, 1996, abandoned, which is a continuation of application No. 08/360,060, Dec. 20, 1994, abandoned.

[30] **Foreign Application Priority Data**

Dec. 22, 1993 [JP] Japan 5-324021

[51] **Int. Cl.**[6] **B62D 3/12**

[52] **U.S. Cl.** **280/93.515**; 180/428

[58] **Field of Search** 74/29; 280/93.514, 280/93.515

[56] **References Cited**

U.S. PATENT DOCUMENTS

3,691,905	9/1972	Baxter	180/DIG. 13 X
3,980,315	9/1976	Hefren	280/94
4,213,626	7/1980	Moore	280/94
4,758,012	7/1988	Ogura et al.	180/143 X
4,953,889	9/1990	Reilly	280/661

FOREIGN PATENT DOCUMENTS

0 053 666	6/1982	European Pat. Off. .	
58-110372	6/1983	Japan	280/94
U-60-131464	9/1985	Japan .	
U-1-144170	10/1989	Japan .	
81/03472	12/1981	WIPO .	

Primary Examiner—Kevin Hurley
Assistant Examiner—Gary Savitt
Attorney, Agent, or Firm—Oliff & Berridge, PLC

[57] **ABSTRACT**

A steering apparatus for an automotive vehicle having a steering mechanism arranged to steer a set of dirigible road wheels in accordance with a steering effort applied to a steering wheel, wherein the steering mechanism is designed to preliminarily bias the road wheels leftward or rightward in a condition where the steering wheel is placed in a neutral position for straight travel of the vehicle.

3 Claims, 3 Drawing Sheets

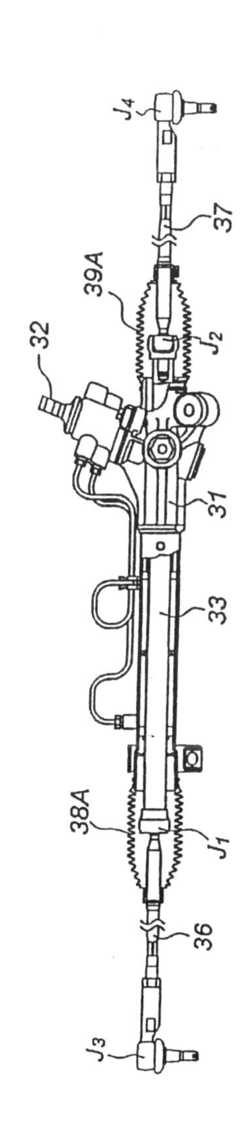
J_4
37
39A
32
J_2
31
33
38A
J_1
36
J_3

5,979,918

1

STEERING APPARATUS FOR AUTOMOTIVE VEHICLE

This is a continuation of application Ser. No. 08/669.825 filed Jun. 26. 1996. now abandoned, which in turn is a continuation of Ser. No. 08/260.060 filed Dec. 20. 1994, now abandoned.

BACKGROUND OF THE INVENTION

1. Field of the Invention

The present invention relates to a steering apparatus for automotive vehicles, and more particularly to an improvement of the steering apparatus for enhancing a straight running characteristic of the vehicle.

2. Description of the Prior Art

Disclosed In Japanese Utility Model Laid-open Publication Hei No. 1-144170 is a steering apparatus of the rack-and-pinion type for an automotive vehicle which includes a tubular housing mounted on the vehicle body to support a rack member displaceable in a lateral direction, a pair of tie rods each connected to the opposite ends of the rack member to steer a set of road wheels in accordance with lateral displacement of the rack member, and a pair of dust boots each coupled at their one ends with the opposite ends of the tubular housing and at their other ends with the tie rods to encompass each joint portion of the tie rods with the rack member.

In such a conventional steering apparatus as described above, the steering characteristic is symmetrical in left and right directions to maintain the steering wheel in a neutral position even if the driver causes tie vehicle to travel on a flat

2

direction, a pair of tie rods each connected to opposite ends of the rack member to steer the road wheels in accordance with lateral displacement of the rack member and a pair of dust boots fixedly coupled at their one ends with the tie rods and at their other ends with opposite ends of the housing. the dust boots are adapted as the biasing means for preliminarily biasing the road wheels in the predetermined lateral direction in a condition where the steering wheel is placed in the position corresponding to straight travel of the vehicle.

BRIEF DESCRIPTION OF THE DRAWINGS

Other objects, features and advantages of the present invention will be more readily appreciated from the following detailed description of a preferred embodiment thereof when taken together with the accompanying drawings, in which:

FIG. 1 is a perspective view of a steering apparatus mounted on an automotive vehicle which is equipped with a right-hand steering wheel;

FIG. 2 is a partly broken rear view of the steering apparatus shown in FIG. 1;

FIG. 3 is a graph showing a characteristic of a left-hand dust boot shown in FIG. 2;

FIG. 4 is a graph showing a characteristic of a right-hand dust boot shown in FIG. 2.

FIG. 5 illustrates the steering apparatus of FIG. 2 with one dust boot stretched and the other dust boot compressed.

DETAILED DESCRIPTION OF THE PREFERRED EMBODIMENTS

In FIG. 1 of the drawings; there is illustrated a steering

road without holding the steering wheel. In general, the surface of the flat road is, however, raised at a central portion of the road for drainage. Accordingly, if the driver causes the vehicle to travel on the flat road without holding the steering wheel placed in the neutral position, the steering wheel will be displaced leftward or rightward from the neutral position in accordance with lateral inclination of the road surface. As a result, straight travel of the vehicle may not be maintained. In the case that the road wheels of the vehicle are equipped with radial tires for traveling on a left or right lane of the travel road, a ply-steer residual cornering force caused by the tires themselves acts to restrain the lateral displacement of the vehicle. If the ply-steer residual cornering force is excessive, the vehicle tends to travel in an opposite direction against the lateral inclination of the road surface.

SUMMARY OF THE INVENTION

It is, therefore, a primary object of the present invention to provide an improved steering apparatus for an automotive vehicle capable of enhancing a straight running characteristic of the vehicle in a condition where the steering wheel is placed in a position corresponding to straight ahead travel.

According to the present invention, the object is accomplished by providing a steering apparatus for an automotive vehicle having a steering mechanism arranged to steer a set of road wheels in accordance with a steering effort directly applied to a steering wheel of the vehicle, wherein the steering mechanism comprises biasing means for preliminarily biasing the road wheels in a predetermined lateral direction in a condition where the steering wheel is placed in a position corresponding to straight travel of the vehicle.

In a steering apparatus the steering mechanism of which includes a tubular housing mounted on a body structure of the vehicle to support a rack member displaceable in a lateral apparatus of the rack-and-pinion type mounted on an automotive vehicle which is equipped with a right-hand steering wheel **10** to travel on a left-hand lane of the travel road. In the steering apparatus, a steering effort is directly applied to the steering wheel **10** and transmitted to a set of dirigible road wheels **21**, **22** through a steering mechanism A to steer the road wheels. The road wheels **21**, **22** each are equipped with a radial tire for traveling on the left-hand lane. The radial tire is designed to cause a ply-steer residual cornering force acting on the vehicle body rightward.

As shown in FIGS. 1 and 2, the steering mechanism A comprises a tubular housing **31** mounted on a vehicle body structure B and extending laterally in the rearward of each axle of the road wheels **21**, **22**, a pinion shaft **32** operatively connected to the steering wheel **10** through a steering shaft assembly **11**, a rack member **33** supported by the housing **31** to be laterally displaced in accordance with rotation of the pinion shaft **32**, a pair of tie rods **36**, **37** each connected at their one ends to the opposite ends of rack member **33** by means of ball joints J1, J2 and at their other ends to a pair of knuckle arms **34**, **35** by means of ball Joints J3, J4 to steer the road wheels **21**, **22** in accordance with lateral displacement of the rack member **33**, and a pair of elastic dust boots **38**, **39** coupled at their one ends with the tie rods **36**, **37** and at their other ends with the opposite ends of the tubular housing **31** to encompass each Joint portion of the tie rods **36**, **37** with the rack member **33**.

The left-hand dust boot **38** is coupled with the tie rod and tubular housing **31** in a condition where the steering wheel is retained in a position corresponding to straight ahead travel. In this instance, the left-hand dust boot **38** is stretched in a predetermined amount and fixed in place to be applied with a predetermined tensile pre-load F_1 as shown in FIG. 3. Similarly, the right-hand dust boot **39** is coupled with the tie

米国特許公報の例（つづき）

付録2：特許関連用語集

英訳時に必要となる特許関連用語をまとめておく。詳細は関連図書を参照していただきたい。

【あ】

相手方：opponent

争う：contest
（例：contest the patent with an opponent）

案件：application（審査案件）；
case（審判案件）

【い】

言い渡す：pronounce
（例：pronounce a sentence）

異議：opposition; objection
（例：object to this decision; raise an objection against）

意匠：design
（例：registration of design）

移転：transfer
（例：transfer a patent right to）

委任：entrust
（例：entrust Mr.Yamada with application）

委任状：a letter of attorney

印：seal

印鑑証明：a certificate of a seal impression

印紙：revenue stamp

【う】

伺う：inquire
（例：inquire of him about; a letter of inquiry）

受付：acceptance
（例：date of acceptance）

【え】

閲覧：inspection

【お】

欧州特許：European patent

欧州特許条約：European Patent Organization（EPO）

【か】

開示：disclosure

確定判決：final and conclusive judgement

仮の：provisional
（例：provisional injunction ; provisional registration）

科料：fine（例：was fined ten dollars）

刊行物：publication

願書：request
（例：submit a request for patent）

鑑定：expert testimony

官報：official gazette;
government gazette

慣用：common use; conventional
（例：a common use trademark）

【き】

起案：drafting

期間：period（手続き等一般）；
term（権利）
（例：extension of the period; expiration of the period）

棄却する：dismiss; reject
（例：dismiss an appeal）

記載：description
（例：inappropriate description）

規定：provision
（例：under the provision of Article 10）

基本特許：basic patent; pioneer patent

協議：consultation
（例：disagreement on consultation）

行政：administration
（例：administration disposition）

供託：deposition
（例：deposit ¥1 000 000 on ...）

共同出願：joint application
（例：license by agreement）

許諾：permission; agreement

【く】

クレーム：claim
（例：claimed subject matter）

クロスライセンス：cross license

【け】

警告する：warn
（例：warning letter）

係争：dispute
（例：adjust a dispute between）

決裁：approval

原告：plaintiff

権利：right
（例：transfer of right; scope of right）

【こ】

考案：device; invention

公開する：disclose; open to the public
（例：publication before examination）

後願：later application;
subsequent application

工業所有権：industrial property right

構成：constitution
（例：indispensable constituent features）

公知：publicly known
（例：publicly known invention）

国際の：international
（例：international application）

国内の：domestic
（例：domestic application, domestic priority）

国有特許：national patent

【さ】

再審：retrial
（例：demand a retrial）

差し止め：injunction
（例：demand for injunction）

産学連携：industry-university corporation

【し】

実施権：license
（例：exclusive license; licensee; license fee）
実用新案：utility model
出願：application; filing
（例：patent applied; an applicant; filing date）
（利権を）譲渡する：assign
（例：assign a patent right to）
商標：trademark
（例：trademark registration）
情報開示：information disclosure
条約：convention, treaty
（例：Paris Convention）
侵害する：infringe
（例：infringe a patent right, an infringement suit）
新規事項：new matter
新規性：novelty
（例：novelty of an invention）
審査：examination
（例：request for substantive examination）
審判：trial
（例：demand for trial）

【す】

遂行する：prosecute

【せ】

請求項：claim
（例：addition of claim, deletion of claim）
正本：certified copy; original
先願：earlier application; precedent application
先願主義：first-to-file rule
先発明主義：first-to-invent rule

【そ】

相続：inheritance; succession
相続人：heir; successor
訴訟：suit
（例：a civil suit, file a suit against）
損害：damage
（例：compensation for damage）

【た】

代理：representation
（例：legal representative）
代理人：attorney
（例：notification of change of attorney）

【ち】

知的：intellectual
（例：intellectual property right）
仲裁：arbitration
（例：settle a dispute by arbitration）
調書：record, document
著作権：copyright
（例：a copyright holder; Copyright law）
陳腐化：obsoleteness
（例：obsolete invention）

【つ】

通常実施権：non-exclusive license
通知：notice

【て】

提示：presentation
抵触：conflict
（例：conflict with another patent）
適用：application

【と】

同意：consent
（例：obtain a consent）
登録：registration
（例：registered trademark）
独占：monopoly
（例：Antimonopoly Law）
特許：patent
（例：apply for a patent; obtain a patent for）
特許協力条約：Patent Cooperation Treaty（PCT）
特許権者：patentee
特許公報：patent publication
特許庁：Patent Office
（例：Japanese Patent Office）

【に，の】

認定：finding
納付：payment
（例：time limit for payment）

【は】

賠償金：indemnity
賠償する：indemnify, compensate
（例：compensate him for）
陪審：jury
（例：serve on a jury， jury system）
発送日：mailing date
発明：invention
（例：invent a new machine）
パリ条約：Paris Convention for the Protection of Industrial Property
判決：judgment
（例：deliver judgment, precedent judgment）

【ひ】

被告：defendant
標章：mark

【ふ】

副本：duplicate; copy
不受理：refusal of receipt
ブタペスト条約：Budapest Treaty
不当利得：unjust enrichment
不服申し立て：appeal
分類：classification
（例：International Patent Classification）

【へ】

米国特許：United States patent
弁理士：patent attorney

【ほ】

放棄：waiver; abandonment
法定代理人：legal representative
保護：protection
（例：scope of protection）

補正：amendment
（例：decline the amendment）

【ま，み】

満了：expiration
未請求：not requested

【む】

無過失賠償責任：liability without negligence
無効：invalidity

【め】

明細書：specification（日本）；description（PCT, EPC）

【も】

申し立て：request
（例：make request）
模倣：copy, imitate

【ゆ，よ】

優先権：right of priority
（例：claim a priority; priority certificate）
要件：requirement

【ら】

乱用：abuse

【り】

立証：attestation
留保：reservation

【る】

類似：similarity

【わ】

和解：compromise; settlement

補遺：機械屋英語のあれこれ

【注】「まえがき」でも述べたとおり，この補遺は，2017年に私が日本機械学会誌に12回に分けて連載したエッセイである。科学英語を解説した参考書はすでにたくさん出版され，また日本物理学会誌[9]，日本原子力学会誌[10]，日本機械学会誌[11]にも関連の記事が連載されている。したがって，類似の内容を繰り返しても意味はないし，また毎月与えられた学会誌の文字数はわずか1ページなので，上記の解説を超えることもできない。そこで，科学英語のワンポイントレッスンとして，毎月私の体験や知識をもとに，他の連載記事とは異なった切り口で感想と考察を述べた。楽しんでいただければ幸いである（石田幸男）。

1. 文法（冠詞）

1.1 はじめに

日本機械学会から，「機械屋英語のあれこれ」というタイトルで1年間連載記事を書いてほしいという依頼があった。日本機械学会編『科学英語の書き方とプレゼンテーション』[1)†]，およびその続編[2]を書いたことから私に白羽の矢が立ったようである。英語の専門家でもないので躊躇（ちゅうちょ）したが，定年退職するまで論文執筆，学会発表などいろいろと経験したので，素人ならではの見方も役に立つだろうと思い引き受けた。

国際会議に出てみると，日本人でQ&Aに加われる人はきわめて少ないのに気付く。最短でも中学から大学までほぼ8年以上も英語を勉強し，受験戦争の勝ち組に属す先生方でもこの状態である。私は退職後，名古屋大学の国際担当の特任教授として頻繁に海外の高校や大学を訪問するが，英語を母語としない国でも，学生は皆英語で自由に会話ができる。日本人の語学力は，もう国民的ビョーキである。10年以上も前になるが，アメリカで学術誌『Journal of Vibration and Control』のEditorの会議に出たとき，議題の一つに「日本人の投稿した論文の英語について」というものがあったので驚いた。相当notoriousになっている。議論の内容は，研究の中身は良いのだが，論文の英語がひどいので，掲載否にしてよいか迷うというようなことだったと記憶している。この議論の間，私は下を向いて小さくなっていた。

---
† 肩付き数字は，198ページの引用・参考文献番号を表す。

1.2 冠　　　　　詞

何年経っても迷う代表が冠詞 a, an, the, ϕ（無冠詞）の区別である。英文法の教科書に冠詞の説明と使用例がたくさん載っているが，それを読んでも，いざ論文を書き始めると，たちまちわからなくなる。例えば

［例］ In a/the previous paper, we have shown ...

と書いたとき a なのか the なのか迷う。いま私の手元にある英文法の本（著者は米国人）を見ると，冠詞の使い方が 13 ページにわたって書いてある。曰（いわ）く，「of でつなぐ句で後置修飾した場合は the を付ける。［例］ The price of gold fluctuates（金の価格は変動する）.」。この of の rule は英文法ではよく知られたルールで，the Sea of Japan, the queen of England などもその例。ただ，これは「形」に基づく説明で，私の疑問には答えていない。そもそも，英国や米国の子供が文法の「規則」を考えて会話しているとは思えない。私が知りたいのは，そこに the を付けたほうが自然と感じる「心」である。

一般に，英語は日本語より厳密で，単数・複数，過去・現在・未来の区別を気にする。ドイツ語になるとさらに厳密で，後に来る単語の性別によって冠詞も使い分ける（例：der Vater, die Mutter）。だから，この文化の違いを理解しないといつまでたってもわからない。冠詞についていえば，「the は指示代名詞の that が短くなったものである」（文献 1）の p.3）という背景をまず理解する必要がある。この視点に立てば，何となく違いがわかってくる。上記の例でいえば，著者は「以前に」というぼんやりした気持ちで書いており，どの論文か特定するつもりはないので“a”が正解である。

つぎの例としてわれわれと関係が深い大学名を考える。［例］ The University of Oxford (informally Oxford University) is a collegiate research university...（Wikipedia より）。上述の of のルールを持ち出すと話は終わってしまうが，“the”は「聞く人がわかっていると話し手が思うときに付ける」と考えると目からうろこが落ちる。ワシントン D.C. で“the White House”はどこですかと聞けば，他の白い家でなく，間違いなくオバマ大統領の家を教えてくれる。The University of Oxford は，Oxford 市民ならだれでも知っている自慢の大学であることを感じさせる表現である。もし，a University in Oxford というと，Oxford 市にある単に一つの大学となってしまう。日本人にはなじみのない the は，たった 3 文字であるが，これほど味わい深い単語である。なお，Oxford University という表現は，固有名詞化した単語なので，the は不要である。また，Harvard University の Harvard は人名で，場所ではないので，the University of Harvard ということはできない。　　　　　　　　　（2017 年 1 月号）

2. 文法（同義語）

2.1 勘違い

名古屋大学の近くのたこ焼き屋の看板には，「たこ焼き」の文字と並んで“Octopus Ball”と書いてある。気持ちはわからなくもないし，このことばも使われているようだが，“Takoyaki”あるいは“Octopus Dumpling”のほうがよい。Octopus ballというと，たこの頭に空気を入れて，蹴って遊ぶ様子が目に浮かぶ。つぎは私の勘違い。先日，新幹線を降りるとき，ドアの内側に“Watch your fingers”と書いてあったので，つい，自分の指をしみじみ眺めてしまった。確かに，海外でもエスカレータを降りる場所や凍った道路では“Watch your step”と書いてある。これは「足元」を見るのであって，くつ下を脱いで自分の足を見るとは違うだろうと思いながら帰ってきた。帰宅後調べてみたら，確かにWatch your fingersという表現がある。さらにWatch your headという表現もあった。自分で自分の頭が見えるはずがないので，これはwatch＝look atと思った私の間違いで，watch＝be careful of（気を付けて！）の意味だった。本当に英語は難しい。

2.2 直訳と意訳，翻訳ソフト

最近，無料翻訳ソフトが出回っている。学生に投稿論文の英訳を頼むとこの翻訳ソフトで英訳したものを平然と持ってくる。そのたびに，この看板Octopus ballを思い出す。翻訳ソフトでは，このような単なる単語訳になっていないか危惧される。

英語を学ぶとき，昔から「直訳と意訳のどちらが良いか？」という議論がある。私が大学1年のとき習った英語の教授は，「意訳は作品への冒瀆（ぼうとく）である。これは適切な単語を見つけることができない訳者の無能さの現れである」と怒っていた。意訳の有名な例として，名画「カサブランカ」の別れのシーン（YouTube「カサブランカ・最後の場面」で見られる）でHumphrey D. Bogartが美人女優Ingrid Bergmanの涙で潤んだ目を見ながら“Here's looking at you, kid”という場面があり，その字幕が「君の瞳に乾杯」となっている。恩師には申し訳ないが，Ingrid Bergmanに見つめられると，意訳のほうが良いといいたくなるのは私だけではないだろう。

2.3 同義語（synonym）

科学技術論文は，短い簡潔な文章で書かれる。したがって「機械屋」としては，基本的には直訳でいくべきであり，多くの場合，それで困ることはない。とはいっても，同義語（類義語）があるので，そこから最適な表現を選ぶ努力はすべきである（文献1）のpp.37～43）。例えば，「～する」を和英辞典で調べると，いろいろな単語が載っている。最も単純で一般的なものは“do”である（例：To do one's best.）。それよりやや形式ばったいい方，熟練を要する仕事の場合に“perform”を用いる（例：He performed a surgical operation. / They performed a ceremony.）。“conduct”は誰かのリーダーシップのもとで行う場合（例：She conducted a tour），あるいは情報を得る目的で行う場合に用いる（例：The police conducted an investigation.）。目的語としてはsurvey, investigation, review, testなどが相性が良い。“execute”は「遂行する」という日本語が合うように，命令，判決，遺言などに関わる実行を意味する（例：They executed the maneuver.）。これ以外に，科学技術論文でよく使い，迷うものに以下の表現がある。

○「～を扱う」deal / treat

○「～と一致する」agree / coincide

○「～を明らかにする」clarify / elucidate / reveal

○「～を示す」show / demonstrate

このニュアンスの違いを判断するためには，英訳するとき，和英辞典を利用して単語の候補を見つけたあと，さらに英和辞典を引いてそこに載っている例文から総合的に判断するのが良い。要するに，直訳は危険で，文脈の中で，用いる用語を決めなければならない。

私が学生時代から使っている同義語辞典“USE THE RIGHT WORD −A Modern Guide To Synonyms”[3]を紹介しておく。私の専門は機械力学であるが，この本では，例えばvibrate, fluctuate, oscillate, sway, swing, undulate, waverなどの区別もわかりやすく説明されている。優れものである。（2017年2月号）

3. 文法（miscellaneous）

3.1　自動詞と他動詞

よく間違うものに自動詞（intransitive）と他動詞（transitive）がある。例えば，arrive atとreachの違いがそれで，英文法の本を見ると，「自動詞にはatを付け，他動詞には付けない」と書いてあるが，こんな説明は役に立たない。手元にある辞書[4]を引くと，「arrive (*vi.*) 1. 到着する，着く」，「reach(*vt.*) 1. に着く，到着する」と書いてあるが，これでもまだ疑問は解けない。そもそも，同じ意味なのに，なぜarriveが自動詞で，reachが他動詞なのかを知りたいのである。

そこで，以前紹介した本“USE THE RIGHT WORD”を見てみよう（文献3）のpp.99～100）。“In contrast to *come*, ***arrive*** stresses the actual achievement of a goal：If he were *coming*, he would have *arrived* by now.”。また“***Reach*** can suggest a midway point or stop in an ongoing movement：hoping to *reach* Milan by nightfall.”という例

がある。前者は着くか着かないかが関心事で自動詞，後者は行き先の Milan が関心事であり他動詞で，目的語を伴う。したがって，自動詞を使って目的を示して他動詞的に使いたい場合には，at の助けが必要となる。飛行機が「到着した」なら arrived で「東京に到着した」なら reached Tokyo あるいは arrived at Tokyo となる（上記の辞書をよく見ると，「arrive (*vi.*) 着く」，「reach(*vt.*) に着く」となっている。reach のほうには「に」が含まれているのは，目的語を伴うという意味であろう。したがって，“reach at Tokyo” と書くと「東京にに着く」となってしまう）。

ちなみに，他動詞は対象に何らかの影響を及ぼす動詞で，buy（買う），cut（切る），catch（捕まえる）などがその例，自動詞は自分だけで行う動詞で cry（泣く），smile（微笑む），sleep（眠る）などがその例である。

3.2 話し言葉と書き言葉，その他

名古屋大学の経済学部に来た留学生に，同じクラスの悪ガキが「日本語では “Thank you” のことを “かたじけない” というんだよ」と教えたことがあった。この留学生はしばらくこの言葉を使っていた。彼は，「かたじけない」というとその場がなぜか和むので楽しかったようである。私・僕・俺／殿・様・さん／貴社・弊社など敬語によって使い分けることの多い日本語と違って，英語は比較的単純といわれる。オバマ大統領でも，マクドナルド店のお姉さんでも “I am ...” である。しかし，そうはいっても，話し言葉と書き言葉の違い，あるいは最近使われなくなった表現などの違いはある。

ある留学生が，日本で “How are you ?” というと全員から “I am fine thank you. And you ?” と答えるので面白いと笑っていた（もちろん friendly laugh）。私も中学でこれを習ったが，調べてみるとこの表現は，“still used, but overly formal” と書いてあり，例えば目上の人に用いるようである。通常は “Fine, Thanks. And you ?” などいろいろな形が返ってくる。教科書どおりワンパターンで答えようとする日本人の生真面目さが，会話力上達のブレーキになっているかもしれない。また，語学は時代や状況によって変化する。I have no idea（見当がつかない），smart（利口な），cool（かっこいい），weird（奇妙な）などは，学校では勉強したときお目にかかったことがない（当時も使われていた）が，最近よく耳にする。

このような違いを書いているときりがないので，科学論文の観点から英語の使い分けにふれてみたい。文献 1)（pp.43～46）では，論文を書くときの注意事項が挙げてある。

○ ゲルマン系語彙は口語的で，論文にはラテン系語彙を使う。：もともと英語にあったゲルマン系語彙（例：ask, try）を多用すると稚拙な印象を与えるので，必ずではないが，英語に導入されたラテン系語彙（例：inquire, attempt）を使うのが

よい。

○熟語よりも一語のほうが論文口調となる。：書き言葉では，熟語（例：a lot of）よりも一語（例：many/much）でずばりいうほうがよい。

○短縮形を使わない。：口語では短縮形（例：can't）をよく使うが，論文では使わないようにする。（例：cannot）

○冗長な表現より簡潔な表現を使う。：短時間で理解できるように，もったいぶった表現（例：at the present moment）は使わず，簡潔な表現（例：now）を使う。

ほかに，米語と英語の使い分けの問題もあるが，これについては後に解説する。

（2017年3月号）

4. 英語と誤り

4.1 誤訳・悪訳

大学の教員になると，いつかは著書を出したいと思うのが普通であろう。私も思いもよらず，結果的に8冊の本を出版した。赤面の至りであるが，未熟であったため，その説明に小さな間違いもいくつかあった。もちろん学術論文でも間違いは許されないが，純粋無垢な学生が初めて読む本に間違いがあると，その責任は大きい。

私は名古屋大学へ入学したとき，図書館で『誤訳――大学教授の頭の程――』[5]という本を見つけて読んだ。この本では，アダム・スミス（Adam Smith）やリカード（David Ricardo）の経済学の名著の日本語訳にある誤りを，翻訳者の実名入りでボロカスに指摘している。その本の前書きに以下の記述がある。

「もし私が指摘しないなら，私の正訳と人の誤訳と識別できる者おらぬままに，この深手を負い致命傷にあえぐ大家の誤訳が永遠に定着し，日本人はついに原著者の正しい意見を知らずに終わる。ここに竹林の隠士見るに忍びず黙すに黙しがたく筆を執る」。

学生のとき，教科書や参考書に間違いがあるとは夢にも思わなかったので，学問の世界は厳しいものだと驚くと同時に，この本の著者とはあまり「お友達」にはなりたくないなと思ったことを覚えている。

私の専門分野でも，海外の名著の訳本がいくつか出ている。このような訳本を読む場合，かならず原著を横において，わかりにくいときには，原著の対応する部分を読むことを勧める。案外疑問は解けるものである。

さて，誤訳の例として有名なものにハリウッドがある。昔，日本では巴里（Paris）や倫敦（London）のように英語名を漢字を用いて表現していた。同様に，映画撮影の中心地であるHollywoodを「聖林」と書いた。これは，“Holly（ヒイラギモチの木）”を“Holy（聖なる）”と勘違いして訳したものである。そもそも砂漠の中に出現した美男美女のスキャンダルあふれる町を「聖」と訳す発想が理解できない。誤訳とは関係ないが，砂漠に出現した町といえばラスベガスが思い浮かぶ。ネバダ州は結婚や離婚が法律的に簡単にできることで有名である。以前，ラスベガスで開催されたASMEの国際会議に出席した。この町で，教会の前を通ったとき，友人のアメリカ人が，「Gamble も Marriage も very risky という意味で共通点がある」とわけのわからぬ説明してくれた。

つぎに，理系の話に移る。学生がよくする間違いであるが，“simulation”を「シュミレーション」という。これは聞いているほうも，その誤りに一瞬に気が付かない。

間違いではないが，後世，学生の間に混乱を起こしている（だろうと思われる）和訳として，matrix と determinant がある。数学者の誰かがこれらを「行列」と「行列式」と訳した。おかげで以後100年以上にわたり，この二つの演算を混乱する生徒が出てきたと心配するのは杞憂であろうか。どうしてまったく異なる英単語をそっくりな日本語に置き換えたのか。Wikipedia を見ると，“A matrix is a regular array of numbers ...”と書いてある。したがって，matrix は例えば「並び」と訳したほうが良かったのではないか。これは私には悪訳のように思える。

4.2 カタカナ英語（和製英語）

和訳するとき，表意文字である漢字を使わず，カタカナという表音文字を安易に使うため，いくつかの問題が起きている。カタカナ英語にはいくつかの種類がある。

（1） カタカナ英語と実際英語で意味が異なる場合（これは誤解される）：

クーラー＝air conditioner（cooler はクーラーボックスのこと）／シャープペン＝mechanical pencil（sharp pencil は鋭い鉛筆のこと）／シュークリーム＝cream puff（shoe cream は靴墨のこと）／コンデンサー＝capacitor（condenser は凝縮器のこと）／ベテラン＝expert（veteran は退役軍人のこと）

（2） 英語にはない場合（これは相手に通じない。）：

パソコン＝laptop／コンセント＝outlet／ホッチキス＝stapler／アンケート＝questionnaire／ガソリンスタンド＝gas station／エンスト＝stall／ウィンカー＝blinker／パン＝bread

（3） 日本語（漢字）でいうほうが好ましいカタカナ英語

エビデンス（証拠）＝evidence／アジェンダ（議題）＝agenda／コンセンサス（合意）＝consensus

誤解のもととなるカタカナ英語が発生する原因は，元が他の言語（例：アルバイト← arbeit ドイツ語）だったり，省略（例：スーパー← supermarket）したりさまざまである。

（2017年4月号）

5. 発音とリスニング

5.1 は じ め に

はじめて海外に行ったとき，バージニアの知人の家に立ち寄ってから，国際会議に出席した。つぎは，会場でアメリカのA先生と交わした会話である。

［例］ A：“Where did you visit in USA ?”／私：“Virginia”／A：“Where ?”／私：“Virginia”／A：“...... ?”／(ここでハタと気が付いて，) 私：“Vir**GI**nia”／A：“Oh, Vir**GI**nia”。

最初，このような中学1年生の英語が通じなくて，これからの会議でどうなるか心配になった。日本人が国際会議へ出て一番不安なのは，プレゼンのあとのQ/Aセッションで質問が理解できないことであるといわれるが，実はそれ以前に，発表自体が伝わっていない可能性が大きい。今回は，発音とリスニングの問題を考えてみる。

5.2 発音に関する日本語と英語の違い

日本の英語教育は「文法」と「読解」が中心である。ところが，実際は「発音」というものがとても重要である。そして厄介なことに，英語と日本語では，この発音についてはまったく逆だということである。すなわち，日本語は同じ中間的な強さでフラットに話す言語，英語は「アクセント」，「リズム」，「イントネーション（抑揚)」をつけて話す言語である。リズムとは，ダンスを練習するときの手拍子1,2,3/1,2,3/… のようなもの，イントネーションとは，質問のとき文章の語尾を上げ，平叙文では語尾を下げる話し方である。英語ではこの二つの変化に加えて，大切なところは強く，そうでないところは弱く発音する。例を挙げる。日本語流では

［例］ アイ プレイド テニス ウイズ マイ フレンド.

となるが，英語流ではアクセントとリズムをつけ

［例］ I played **TEN**nis / with my f**RIE**nds.

と発音される（/ で一呼吸置く)。また，英語では単語を一つずつ区切って読まない。

［例］ I need you. アイ　ニーヂュー

あるいは子音で終わる単語と母音で始まる単語が続いた場合，子音と母音がくっつく話し方（リエゾン)

［例］ How are you ? ハワーユ（w＋a → wa)

がなされる。これもリスニングを困難にさせる原因となっている。日本機械学会会員諸氏には勧められないが，つぎのような英語のスラングも会話では現れる。

［例］ want to → wanna / going to → gonna

ここで，息抜きのため，往年の女優 Marilyn Monroe の歌 “I wanna be loved by you”（YouTube 参照）を聴かれるとよい。I, be, by は弱く，重要な wanna, loved, you は強く発音している。さらに，M.M. とは正反対の魅力を持つ女優 Audrey Hepburn が出演した映画 “My Fair Lady” を紹介する。言語学者の教授がロンドンの下町娘の発音を治す場面で彼女が歌う “The Rain in Spain”（YouTube 参照）を聴くと，リズムとイントネーションの重要性が理解できる。

5.3 単語の発音

日本語では母音はア・イ・ウ・エ・オ「a, i, u, e, o」の五つの音，子音は舌，歯，唇，顎などを使って出す単音「k, s, t, ...」である。日本語では母音は母音のみで発声することが可能だが，子音は母音とセットで発声される（［例］ka，「ん」は例外）。ところが，英語では母音の数は多く，また子音が並ぶこともあるため，音のバリエーションが非常に多い。その結果，日本人にとって，**表 5.1** や**表 5.2**（文献 1）の p.118）の音を区別して発音すること，あるいは聞き分けることは非常にむずかしい。文献 1）の著者の Haig 先生が講義でこの表を読み上げると，名大生はいつも「オンナジジャーン」というそうである。

表 5.1　母音の対

bat [æ]	but [ʌ]
it [i]	eat [i:]
pull [u]	pool [u:]
well [e]	will [i]
work [wə:rk]	walk [wɔ:k]

表 5.2　子音の対

rice [rais]	lice [lais]
bowel [báuəl]	vowel [váuəl]
foist [fɔist]	hoist [hɔist]
sink [siŋk]	think [θiŋk]
city [síti]	shitty [ʃíti]
the [ðə/ði]	tzar [zar]
jest [dʒest]	zest [zest]

例えば，表 5.2 の rice（米）と lice（louse シラミの複数）の区別は難しく，“We eat lice in Japan.” と聞こえるらしい（コツは r で始まる単語は「ウ」をつける気持ちで（ウ)ライスというとよい)。また，子音の r と l が続く girl を正しく発音できる日本人はほとんどいない。

以上，いろいろ書いてきたが，百聞は一見（一聴？）にしかず。例えば，イントネーションに関しては，YouTube の「英語声 #21 英語の自然なイントネーションを得る練習方法」を聞いて練習するとよい。日系人と推察するが，英語発音専門家ドクター D が，いろいろな発音の問題と解決法を 60 回の講義で教えている。

（2017 年 5 月号）

6. 方言と訛り

6.1 は じ め に

昨年，名古屋大学のサマープログラムに参加した海外の学生たちと話をしているとき，英国のブリストル大学の一人の学生の言っていることがさっぱり理解できなかった。周りの学生はうなずいていたので，英語を話していることは間違いない。そこで，出身地はどこか尋ねたら，アイルランドだといっていた。「イギリスの英語（英語）を学ぶか？アメリカの英語（米語）を学ぶか？」という質問を受けることがある（文献1）の pp.47〜48)。しかし，特に発音となると，そんな簡単に分けられるものではないようである。

6.2 方言の宝庫・英国

最近，仕事上たびたび英国を訪れるので，この国についてふれてみたい。生麦事件や薩英戦争の直後であるにもかかわらず薩摩と長州の無名の若者を留学生として受け入れ，日本の近代化に貢献した人材（森有礼，伊藤博文など）を育て，さらにいまでも日本の皇族が留学する英国について，日本人はあまりにも理解していないように思う。例えば多くの日本人は，この国を日本語でイギリス，英語で England と呼ぶことに疑問をいだかない[6)]。しかし，実際は region と呼ばれ，国に近い制度を持つ England（首都 London），Scotland（首都 Edinburgh），Wales（首都 Cardiff），Northern Ireland（首都 Belfast），にいくつかの小さな島[†1]を加えた集まりであり，前4者の連合体は日本語では公的に「英国」，英語では the United Kingdom of Great Britain and Northern Ireland（略称 UK）と表現される。最近の EU からの離脱騒動からもわかるように，問題はそれぞれの住民の意識が大きく異なることである。それぞれ個別の伝統と文化を持つため，例えば England 以外の人は English と呼ばれることを嫌う。良くいえば「伝統を重んじ」，悪くいえば「プライドと頑固さを持つ」彼らの気質が，言語の不統一な面に表れている気がする。日本より小さな島国でありながら，それぞれ English English，Welsh English，Scottish English，Irish English 等々，region によって名前が付くほど大きく異なった方言が話される[†2]（なお，同じ region でも，Edinburg と Glasgow では全然違うそうである）。さらに，English English に属する BBC の英語（ロンドンの上流階級の英語）が標準語といわれるが，ロンドンの人口

†1 例えばオートバイレースで有名なマン島（Isles of man）は英王室所属であるが UK ではない。首都 Douglas

†2 イギリス英語（https://ja.wikipedia.org/wiki/イギリス英語）（2018年3月現在）

の大部分を占める労働者階級はコックニー英語（Cockney English）を使っている[†]。私の持っている「地球の歩き方・イギリス」を見ると，「英語なのにチンプンカンプン」という欄があり，「イギリスではひとことしゃべっただけで出身地がわかる」とか，「スコットランド訛りやリバプール訛りが聞きづらい」と紹介している。ただ，「水が飲みたいときは“Water, please”のように単語をいって please をつければ話は通じるので気にするな」とも書いてある。

表 6.1　英語と米語の違い

発音の違い		
Spelling	英語	米語
garage	ガレージ	ガラージ
vitamin	ビタミン	バイタミン
aluminium	アリュミニウム	アルミナム
つづりの違い		
日本語	英語	米語
色	colour	color
中心	centre	center
飛行機	aeroplane	airplane
記憶する	memorise	memorize
分析する	analyse	analyze
結合	connexion	connection
単語の違い		
日本語	英語	米語
エレベーター	lift	elevator
石油	petrol	gasoline
駐車場	car park	parking lot
履歴書	CV (currculum vitae)	resume
携帯電話	mobile phone	cell(uar) phone
タクシー	cab	taxi
エンジンの覆い	bonnet	hood
1 階	ground floor	first floor
その他の違い		
日本語	英語	米語
3 時 15 分	quarter past three	three fifteen
3 時 20 分	twenty past three	three twenty
3 時 30 分	half past three	three thirty
週末に	at the weekend	on the weekend
風呂に入る	have a bath	take a bath

† コックニーとは，東ロンドンにある St.Mary-le-Bow 教会の鐘の音が聞こえる範囲で生まれた人という意味。

6.3　技術英語における英語と米語

「気にするな」というのは旅行の場合であり，機械屋としては，英語と米語の違いを把握して，両者を混在させないように注意しなければならない。技術用語を中心に，両者の違いの例を**表 6.1** に示す†。　(2017 年 6 月号)

7.　数式の読み方

7.1　は じ め に

国際会議で発表するとき，数式をどのように英語で説明したらよいかという問題にぶつかる。留学経験があれば問題ないであろうが，多くの日本人は大学院の文献購読で洋書を読んでも，数式は日本語で読んで理解しているので，いざ英語で説明しようとすると困ってしまう。

7.2　英語における数式の説明の不便さ

数式を英語で説明するとき，表現の長たらしさに戸惑う。例えば，$a \times b = c$ を英語でいうと，“*a* times *b* equals *c*”あるいは，“*a* multiplied by *b* equals *c*”という。これに比べると，日本語の表現はコンパクトである。日本ではすべての子供が小学校 2 年ぐらいで九九の掛け算を暗記させられる。多くの子供は，「ニニンガシ，ニサンガロク，ニシガハチ，…」と，リズミカルに $9 \times 9 = 81$ まで簡単に覚えることができる。興味があったので，英・米で九九の表をどのように覚えるか調べてみた。なお，九九の表は multiplication table あるいは times table という（注：time table は時刻表のこと)。面白いことに，アメリカではヤード・ポンド法の名残から 12×12 の表を使うことも多く，これを Two times two equals four, Two times three equals six, ...と唱えて覚えていくので，なかなか覚えられないそうである。最近ではキャッシュカードを使って支払うことが増えたので気が付かないが，昔，アメリカで買い物をしたとき，店員がおつりを出すとき何となくもたもたしていた記憶がある。これも日英の九九の覚え方の違いが影響していたかもしれない。

科学英語の解説書を読むと，足し算，引き算，割り算，微分などさまざまな数式の読み方が書いてあるが，書いてある例が単純すぎて，大学の講義で複雑な数式を言葉で説明しようとするとなかなか難しい。しかし，基本的にはこれらの表現を組み合わせればよい。

† 同じ英語でもこんなに違う！，アメリカ英語とイギリス英語の単語と文法（http://eikaiwa.dmm.com/blog/19180/)（2018 年 3 月現在)

7.3 英語における説明の例

参考のため，一つのやや複雑な数式についてその読み方を紹介する。なお，この説明および読み方は脚注[†1]からの引用である。

［例］ $\left| S - \sum_{i=1}^{n} f(t_i)\Delta_i \right| < \varepsilon$

まず，この式をつぎのように分解し，英語で表現する。

① 絶対値（The absolute value of ...）

② 引き算（the difference between S and ... / S minus ...）

③ 総和（the sum from i equals one through i equals n of ... / the sum of the first n terms）

④ 関数（the function f evaluated at t sub i）

⑤ 掛け算（...times the width of each i / ... times delta sub i）

⑥ 不等号（...is less than epsilon）

以上を組み合わせると，上式は，例えばつぎのように説明することができる。

"The absolute value of S minus the sum from 1 to n of f of t sub i times delta sub i is less than epsilon."

表現は一通りではなく，つぎのようにいうこともできる。

"Absolute value of S minus sum i equals one to n, of f of t i times delta i, is less than epsilon."

7.4 名古屋大学 e-learning システム

2020年をめどに30万人の留学生受け入れを目指す「留学生30万人計画」がスタートし，13大学が選ばれた。名古屋大学もその一つに選ばれ，現在，学部に関しては英語で教える七つの国際プログラムがある。スタートして困ったことの一つに，国によって高校の授業レベルがまったく異なるので，特に理系のプログラムの講義のレベルを決めるのが難しいことがあった。そこで，名古屋大学から依頼を受け，私が日本の高等学校で教えている数Ⅰ～数Ⅲの内容をもとに，37回のe-learningの授業を作った。この授業は名古屋大学のHPにOpen Course Wareとして無料公開されている（脚注[†2]を参照）。ナレーションは留学生に依頼したが，日本人のため，スピードはほぼ85%に落としてある。日本人の学生，研究者にとっても数式の読み方の学

---

†1 How do you read these mathematical expressions aloud ?（https://ell.stackexchange.com/questions/42963/how-do-you-read-these-mathematical-expressions-aloud）（2018年3月現在）と検索。

†2 名古屋大学のホームページで English → NUOCW → Brouse by School/Graduate School → G30 → Pre-college Mathematics.

習に適しているので推薦する。 (2017年7月号)

8. 数式等の書き方

8.1 は じ め に

ワープロが発達した昨今，著者の原稿がそのまま印刷物となることが多いので，著者自身が数式の表現形式に注意しなければならない。今回は，日本人が間違えやすい英文論文の表現を，おもに文献7）から抜粋して紹介する。

8.2 数 字

・数字は文頭では用いない（例：*Twenty grams* is the desired amount, but 15 g is enough.）。

・数字（1, 2, …）と代名詞（one, two, …）を区別する。後者は，つねにつづりを書く（例：*one* by *one*.）。

・4桁までの数が並ぶ数字は密着して書くが，5桁以上の場合は3桁ずつまとめ，それらの間に小スペースを入れる（例：368 / 1000 / 1 000 523）。なお，郵便番号，特許番号，電話番号ではスペースを入れない。

・日常生活で用いる3桁区切りと小数点の記号は，国ごとに異なる。例えばアメリカとイギリスは前者にコンマ，後者にピリオド（例：47,938.2），ドイツではピリオドとコンマ（例：47.938,2），フランスではスペースとコンマ（例：47 938,2）を入れている。英文科学論文では，誤解を避けるため3桁区切りはスペース，小数点はピリオドを用いるのがよい（例：47 938.2）。

・1以下の数字を書くとき，小数点の前の0は省略しない（例：.497 → 0.497）。

・文中で範囲を示すときは“to”あるいは“through”を用いる（例：1938 through 1954 / pages 14 to 18）。しかし，文献の章ではtoの代わりにen dash（–）を用いる（例：pages 14–18）。なお，en dashはhyphen（-）とem dash（—）の中間の長さである。

・パーセントを表すとき，数字と記号の間に小スペースを入れない（例：3%，注意15 g）。そもそも%は単位ではない。したがって，ten gramsと書いてもten percentsとは書かない。また，つぎの例では，populationは一つの固まりであるからその10%でも単数，peopleは人々の集合であるから，その1%でも複数と考えて動詞を使い分ける（例：Ten percent of the population *is* Hindu. / Ten percent of the people *are* Hindu. / One percent of the people *are* Hindu.）。

8.3 文　　字

・数式ではアルファベットやギリシャ文字が使われるが，文字と物理量には共通認識があるので，なるべく慣例に従う（例：円の直径は d，角度は θ）。

8.4 単　　位

・単位について数字を伴わずに文中で説明するときには，単位記号でなく単位名のつづりを書く（例：The measurements are recorded in *kilojoules.*）。
・数値を伴う場合，文中ならつねに単位記号を用いるが，文頭なら数字も記号もつづりを書く（例：*Meter per second* is a unit of speed. For example, sound travels in air at 331m/s（注：つづりで商の形を書くとき，meter/second でなく，per を用いる）。

8.5 数　　式

・数式では，アラビア数字を用い，またスカラーの変数はイタリック体を用いる（例：M, F, x, y）。
・短縮形の場合は立体書体を用いる（例：cosine of $x \rightarrow \cos x$，**表 8.1** 参照，なお cos と x の間に小スペース）。
・総和記号などでは，記号の上や下に添え字が書かれるが，本文中ではスペースの節約から，記号の横に書いてもよい（例：$\sum\limits_{i=1}^{n} x_i \rightarrow \sum_{i=1}^{n} x_i$）。

表 8.1

Symbol	Meaning	Remarks
$\exp x$	exponential of x	Thin space between exp and x
$\sin x$	sine function of x	Thin space between sin and x

8.6 そ　の　他

・数式における括弧の順番は，日本の慣例（[{( )}]の順），あるいは英文の数学以外の場合の表記（([{ }])の順）とは異なる（例：$3\{[y(x+2)+2]^2+a\}$ の順）。
・指数関数は本文中では exp の表現を用いるとよい（例：$e^{(x^2-1)} \rightarrow \exp(x^2-1)$）。
・マイナスには en dash を用いる（例：$a-b+c$）。
・表には，縦の線を入れない（表 8.1 を参照）。　　　　　　（2017 年 8 月号）

9. 論 文 の 時 制

9.1 は じ め に

論文を書くとき動詞の時制の判断に悩む。学生時代に「普遍の真理や諺は現在形を用いる」ということを習ったが，この程度の知識だけでは迷いを解決できない。例えば，用いた装置について，「実験装置の梁の長さは 1 m であった」と過去形で書いてもよさそうに思うが，英語の論文では（装置図を示して）“The length of the beam in the setup is 1 m” と書く。英文論文ではそれなりの理屈をもって，時制が使い分けられている。

9.2 論文中の時制

簡単にいうと，「科学論文は現在形が基本であり，それ以外にする理由があるときに，別の形を用いる」[†1]。具体的に見ていこう。文献 2）で「振り子の振動」を例にとってプレゼンテーションの例を示した。それを参考にしながら，同じテーマで動詞の時制を説明する。

2.1. 概要（abstract）

論文の簡単なまとめである概要では，その時制は，下記に述べる本文の時制の考えに従う[†2]。

2.2. 序論（introduction）

序論では，① 研究の背景，② 先行研究，③ 研究の目的などが述べられる。例えば

［例］ ① The isochronism of a pendulum is a well-known phenomenon of physics. But this principle does not hold exactly.（一般的事実を述べることや研究の背景の説明は現在形）。② In 1580s, Galileo found that the period of a swinging pendulum is constant（年号や人名が出たので過去形，that 以下は真理なので現在形）。Since then, a great deal of research has been conducted by many researchers（現在も続いているので現在完了形）。③ The aim of this research is to clarify the precise relationship between ...（研究の目的は現在形）。

†1 The Writing Center at UNC-Chapel Hill, Verb Tenses（http://writingcenter.unc.edu/handouts/verb-tenses/）（2018 年 3 月現在）

†2 Verb Tense in Scientific Manuscripts（https://www.aje.com/en/arc/dist/docs/AJE-Choosing-the-Right-Verb-Tense-for-Your-Scientific-Manuscript-2015.pdf）（2018 年 3 月現在）

2.3. 理論解析（theoretical analysis）

基本は現在形。著者が行ったことは過去形を用いる。

［例］ Figure 1 shows the theoretical model. The angle of the pendulum is θ. The equation of motion is given by Eq.(1).（図や式の説明は現在形）。We solved Eq.(1) by the harmonic balance method.（著者が行ったことは過去形。受動形もよく用いられる。Equation (1) was solved by the ...）

2.4. 実験（experimental analysis）

（A） 実験装置（experimental setup）

図示した実験装置の説明は現在形を用いる。なぜなら，図は現在そこに存在するからである†。

［例］ Figure 2 shows the experimental setup. The length of pendulum arm is 300 mm.（現在形）

（B） 実験結果（experimental results）

著者が得た結果については過去形で書く。

［例］ Figure 3 displays the relationship between an amplitude and a period.（図の説明は現在）The period was not constant and decreased as the amplitude increased.（著者が得た結果は正しいと思うが，まだ普遍の真理として認められたわけではないので過去形）。

2.5. 討論（discussion）

考察では，① 理論解析や実験で得た結果の特徴を示し，② 得られたデータに対する解釈を説明する。

［例］ ① The period of the pendulum was not constant as shown in Fig.3.（発見したことのまとめは過去形）。② The reason is that the restoring moment of the pendulum changes depending on the angle of the arm.（データの解釈は現在形）

2.6. 結論（conclusion）

結論では，① 研究の成果のまとめ，② 今後の研究の方向などが書かれるが，時制はいろいろである。

［例］ ① We found that the isochronism did not hold when the amplitude increased（過去形）. ② In order to make a precise pendulum watch, further studies are necessary to make the period of the pendulum is constant. We will publish the results of research on precise...（今後の方向は現在形，あるいは未来形とする。）

以上，例を用いて時制の説明をしたが，異なる意見もあることを承知していただき

---

† Are there any rules for using tenses in scientific papers ?（https://www.researchgate.net/post/Are_there_any_rules_for_using_tenses_in_scientific_papers）（2018 年 3 月現在）

たい[†1]。 (2017年9月号)

10. 英 文 書 体

10.1 は じ め に

「筆は体を表す」ということばがある。確かに日本語の筆跡を見るとそれを書いた人の性格がわかるような気がする。また，毛筆で書く行為は「書道」と呼ばれ，芸術性と精神修養が要求される。一方，簡単なアルファベットをタイプライターのキーを押すことによって書いてきた歴史が長い英文書体では，精神性というよりも，機能的な観点から，いろいろな書体が提案されてきた。もちろん美しさ，力強さなどを追求して生まれたものもあるが，その形に関しては，おもに，① 視認性（見えやすさ，例：白地に黄色の文字は視認性が低い），② 可読性（読みやすさ，例：簡単な形状の字体は読みやすい），③ 判別性（誤読のし難さ，例：オーOと零0は紛らわしい）に注目している。いま，ワープロでいろいろな書体を自由に選択できる時代になったが，われわれは目的にかなった書体を選ばなければならない。

10.2 英文書体とその特徴

英文書は，大きくセリフ体，サンセリフ体，スクリプト体，ブラックレター体に分かれる[†2]（文献2）のpp.141～145)。代表例を示す。

2.1 セリフ体（Serif，ローマン体（Roman）ともいう）

線の太さが変化し，端に細い飾りの線Serifがある。

（a） タイムズ・ニュー・ローマン（Times New Roman） 英国のタイムズ社が，狭いところにたくさん書いても読みやすいように，新聞用の文字として開発した。一般に，広く用いられている（以下，便宜上T.N.R.と略す)。

（b） センチュリ（Century） アメリカで広く使われていた比較的古い書体。米国最高裁はその出版物にこれを指定している[8)]。

（c） ジョージア（Georgia） 解像度が悪くてもコンピューターのモニター上で読めるように開発された。T.N.R.より幅が広い。

（d） イタリック（*Italic*） 手書きの文字を基に考案された草書体の文字。T.N.R.を斜体にすれば*Italic*に近くなる。

†1 科学英語論文における時制（http://www.gfd-dennou.org/arch/hiroki/homepage-old/main027.html）(2018年3月現在)

†2 欧文書体の基本的な歴史と知識から学ぶこと（https://bulan.co/swings/sanselif_basic-knowledge_history/）(2018年3月現在)

2.2 サンセリフ体（Sans-serif）

Serifがなく（Sansは「ない」の意味），太さが一様な書体の総称。視認性，可読性に優れているため，交通標識などにも多く用いられている。

（a） ヘルベチカ（Helvetica） スイスで生まれた書体。落ち着いた感じで，広告や企業ロゴなどに用いられる。

（b） アリアル／エアリアル（Arial） タイトル，プレゼンテーションのスライドなどに適した用途の広い書体。

（c） カリブリ（Calibri） 2007年以降のOfficeのデフォルトとなったフォント。

2.3 スクリプト体（*Script*）

手書き文字を活字体としてデザインした書体。代表例は *Vladimir Script*，***Brush Script***，*Freestyle Script* など。

2.4 ブラックレター体（Blackletter）

15世紀ごろ，僧侶が写経をしたとき生まれた書体。グーテンベルクも活版印刷に用いた。

10.3 使用にあたっての注意

- セリフ体ではTimes New Roman, サンセリフ体ではArial, Calibri, Helveticaの使用が好ましい。
- 論文では，本文をセリフ体，見出しをサンセリフ体。
- 講演スライドはサンセリフ体がよい。
- 長い文章では，セリフ体のほうが視認性が高い。
- イタリックは使う目的が慣例的に決まっている。強調，副題，参考文献リストの書名，数式など。
- T.N.R.ではエル l とイチ 1 の区別がないので注意。なお，Verdanaでは l と 1 と区別できる。
- 斜体，イタリック体，筆記体は異なる（**図10.1**参照）。
- Wordで数式を書くには，Wordの数式エディタを用いるか，T.N.R.で書き，それを斜体にする。（例：z＝x＋y＋a → $z=x+y+a$）

My father's pencil in a box.	Century 立体
My father's pencil in a box.	Century 斜体
My father's pencil in a box.	T.N.R. 斜体
My father's pencil in a box.	筆記体

図10.1 字体の比較（特にm, f, a, b, 1の違いに注意）

・筆記体を書きたければ，Script 体を用いる（例：g, ℓ）。
・ここでは Word を中心に説明したが，TEX を用いると，数式を含む原稿が書きやすい。
・投稿するジャーナルが指定すれば，それに従う。　(2017 年 10 月号)

11. プレゼンテーション

11.1 は じ め に

30 年ほど前になるが，ボストンで開催された ASME 主催の国際会議において，一人の日本人研究者が発表していた。15 分の発表は上手に終わり，Q/A セッションに移った。ところが会場から手が挙がり，質問が出たとたん，貝のように黙ってしまった。Chairman も質問をやさしくいい直してくれたが，まったく無反応だった。Chairman も困ってしまい，その会場に座っていた私の顔を見て，通訳を依頼してきたので，なんとか終わることができた。その後，彼と昼食をともにしたが，「会社が発表してこいというものだから…」とぼやいていた。名古屋大学のある有名な教授は，語学が trauma になっているらしく，彼の最初で最後の国際会議での発表のとき原稿を読みながらプレゼンしたあと，“No question !”といって壇を下りてしまったと伝え聞いている。いずれにしても，英語でプレゼンをすることにストレスを感じる日本人は少なくない。

11.2 効果的なプレゼンテーション

口頭発表は，聴衆に発表者の研究を印象付ける絶好の機会である。そのためには ① 発表内容の推敲，② スライドの作成，③ 発表の実施，④ 質問に答える，という四つのプロセスが必要となる。これについて，① から ③ はそれなりに準備ができるが，そのときまでどうなるかわからなくて心配なのが ④ である。プレゼンの仕方の全般については，文献 1）の第 3 章，文献 2）の第 2 章を参照されたい。まず，上記の ① については，“Golden rule about repetition.”と呼ばれるものがある。それは，“（1）Say what you are going to say.../（2）say it... /（3）then say what you have just said.”の三つに分けると効果的に伝わるというものである。② については，ある建築家が日本の枯山水を見ていったことば“Less is more.”がよく引用される。すなわち，スライドにとって simplicity（簡素さ）が最も大切であり，simple なほどメッセージが強く伝わるという意味である。几帳面な日本人，特に理系の研究者は 1 枚のスライドにたくさん盛り込みがちなので注意しよう。③ については，short word と short sentence を用いて明瞭に話し，聴衆に語りかけるように努める。決して背中を見せながらスライドを読んではいけない。例としてハーバード大学のマイケル・サンデル教授の講義[†1]やTED[†2]を見るとよい。④については，英語を話すことに慣れることが大切である。日本では外国人と話す機会が少ないが，最近では，海外の講師と話して英会話を勉強できる安価なWebsiteがあるので，それを利用することもよい。

表 11.1

場　面	便利な英語表現
講演の始まり	・Thank you Mister(Madam) Chatman. ・Thank you Professor...... ・Today, I am going to talk about ......
最初の話題へ入るとき	・First of all, I will explain the motivation ...... ・I'd like to start by ...... ・I will begin by ......
つぎの話題へ移るとき	・Next ...... ・Now we will move on to ...... ・Turning to ......
図の説明など	・I would like to introduce ...... ・I am going to introduce ...... ・This slide shows the theoretical model ...... ・As you can see from ...... ・This slide illustrates ......
話題の発展	・Let consider this in more detail.
例を述べる	・For example, ... ・A good example of this is ......
実験	・We carried out the experiment ...... ・The set-up consists of ...... ・The results are in good agreement with ......
まとめと結論	・In conclusion, ... ・Now, I would like to summarize ...... ・Let's summarise briefly ...... ・If I can just sum up the main points ...... ・This slide summarizes the results.
Q/A	・I am sorry, but I didn't quite catch what you said. Could you say your question again please? ・Could you speak a little slower please? ・Can I just check that I have understood your question? Your question is ...... ・I am sorry but I have not studies that point yet.

†1　Michael Sandel, Justice: “What is the right thing to do”（https://www.YouTube.com/watch?v=kBdfcR-8hEY）（2018 年 3 月現在）
†2　TED-talks（https://www.ted.com/）（2018 年 3 月現在）

11.3 道標（signposting）となる英語

プレゼンテーションは（1）introduction,（2）body,（3）conclusion という構成を持つ†1。聴衆は，現在流れのどのあたりついて話しているかを知るとわかりやすい。それの道標となる便利な表現を**表 11.1** に示す[1),2)]。

論文を書くとき動詞は受動態が多く使われるが，この表からもわかるように，発表においては we conducted...と能動態を用いたほうが自然に聞こえる。

（2017 年 11 月号）

12. 博　士　号

12.1 は じ め に

今年はじめ，第一生命保険株式会社が子供に実施した「大人になったらなりたいもの」というアンケートの結果を発表した†2。男の子の場合，第 1 位はサッカー選手，第 2 位は学者・博士とのことである。うれしく思うとともに，博士号を取得しても職が見つからない若い人たちをたくさん見ている身としては，夢を砕くようで気持ちが暗くなる。その昔，「末は博士か大臣か」といわれた時代もあったが，いまでは「博士の学位は足の裏の米粒」と揶揄（やゆ）されるようにもなった。これは「取っても食えないし（生活できないし），取らないと気持ちが悪い」という意味である。

12.2 博士に関連する用語の英訳

博士のことを doctor というが，海外では博士でなくても医師は doctor と呼ばれる。映画「ドクトルジバゴ」の主人公 Doctor Zhivago は内科医であった。略称は Dr / Dr. である。映画「OK 牧場の決闘」の gunfighter の Doc Holliday（実在，1851-1887）の Doc は，彼が歯科医で，歯学博士の学位を持っていたので付けられた愛称である。

博士の学位（degree），すなわち博士号は doctorate，doctor's degree あるいは doctoral degree といわれる。博士号の種類は国によって異なるのでわかりにくい。日本では，博士号を取得するには，二つの方法がある。一つは大学院の博士課程（doctor's program /doctoral course）において研究を行い，博士論文（doctoral thesis / dissertation）を提出し，公聴会形式の博士審査（dissertation defense/ Ph.D. defense）に合格すれば博士号が与えられる。これを課程博士という。ほかに在学せずに論文を

†1 Language of Presentations（http://www.englishclub.com/speaking/presentation.htm）（2018 年 3 月現在）

†2 朝日新聞 2016 年 1 月 7 日

提出して学位審査に合格したときに取得できる論文博士がある[†1]。これらは研究博士（research doctorate）といわれ，PhD あるいは Ph.D.（Ph.D やスペースを入れた Ph._D. は誤り）の略称を使うことができる。なお，Ph.D. は Doctor of Philosophy の略であるが，哲学に限定することなく，真理探究に資する学問分野であればこの略称を認める国が多い[†2]。分野を表したければ，例えば Doctor of Engineering（略称 D.Eng. /D.Engr. /Eng.D. / Dr.Eng.）と表記する[†3]。先に doctor には二つの意味があると書いたが，Ph.D. in Medicine ならば医学博士，Medical Doctor（M.D.）ならば医師免許だけを持つ医師となる。

日本では，博士の種類が多くなったため，1991 年以降，工学博士を博士（工学）のように博士の称号の後ろに専門分野を付記するように決められた。この場合，英語では Ph.D.（Eng.）のように書けばよい。

12.3 海外での学位審査の例

昨年末，北極圏に近いルレオ工業大学から学位審査を依頼され，厳冬のスウェーデンに行ってきた。その審査は日本よりはるかに厳しい。指導教員（supervisor）が博士課程の学生（PhD candidate）が十分な研究を行ったと判断し，許可すれば，学生は学位論文の執筆を始める。この学生は四つの論文が出版され，五つ目が掲載可の状態であった。学生と共同研究をしておらず，分野が近い学者から三人の審査委員（board member，同じ大学は不可。今回はスウェーデンから二人，デンマークから一人）と，そのテーマに精通する学者（opponent，対決者）一人を選ぶ。私はこの opponent の役を依頼された。審査は階段教室で多くの教員と学生が見ている前で supervisor の司会のもとで始まった。学生が 45 分間発表した後，opponent が学生と 1：1 で 1 時間，board member が各 20 分間質疑を行い，続いて会場から質問がなされた。約 3 時間にわたる公聴会の後，opponent と board member は別室に移り，そこで board member から opponent に対して，学生の答えの妥当性が聞かれた後，表決が行われた。

---

†1　海外では，論文博士の制度がないので，課程博士と論文博士に対応する英語はない。

†2　Doctor of Philosophy（http://ja.wikipedia.org/wiki/Doctor of Philosophy）（2018 年 3 月現在）

†3　UK では，Ph.D. 所有者が実業界で必要となる能力に欠けるとの反省から，1992 年に企業での研究経験を重視した 4 年間（D.Eng. は 3 年間）の課程を始めた。これは Engineering Doctorate (略称 EngD) と呼ばれる。

12.4 名　　　刺

アルバータ大学が Business Card の書き方を解説している†。それによると博士号については，名前の後にコンマをつけたあと PhD と書く。ピリオドは用いず（Ph. D. とは書かない），授与大学名は書かない。名前に Dr. / Mr. / Mrs. / Miss なども用いず，また文章の場合と異なり，ミドルネームにピリオドは付けない。

［例］ John F Kennedy, PhD （2017 年 12 月号）

引用・参考文献

1） 日本機械学会編，石田幸男編著：科学英語の書き方とプレゼンテーション，コロナ社（2004）
2） 日本機械学会編，石田幸男編著：〈続〉科学英語の書き方とプレゼンテーション—スライド・スピーチ・メールの実際—，コロナ社（2009）
3） Reader's Digest 社編：Use The Right Word—A Modern Guide to Synonyms—（1968）（絶版だが，Amazon で入手可）
4） Sanseido's New Concise English-Japanese Dictionary（1979）
5） 竹内謙二著：誤訳——大学教授の頭の程，有紀書房（1964）
6） 旺文社：和英中辞典（1998）
7） Style Manual Committee, Scientific Style and Format—The CBE manual for Authors, Editors, and Publishers, Chapter 11, 6th Ed., Cambridge University Press（1994）
8） "The text of every booklet-format document shall be typed in a Century family 12-point type with 2-pointor more leading between lines"（Rules of the Supreme Court of the United States, p.42.（2010））
9） 日本物理学会（連載）："ジャーナルの論文をよくするために"，日本物理学会誌，Vol.16, No.1（1961）pp.42-45～Vol.18, No.4（1963）pp.233-237
10） 日本原子力学会（連載）："英文論文を書く—「欧文誌」投稿者のために"，日本原子力学会誌，Vol.16, No.5（1974）pp.247-248～Vol.21, No.2（1979）pp.165-166
11） 日本機械学会（連載）："科学技術英語：テクニカルライティングとプレゼンテーション"，日本機械学会誌，Vol.107, No.1025（2004），pp.279-285～Vo.107, No.1036, pp.206-212

† Business Card - University of Alberta (http://www.toolkit.ualberta.ca/VisualIdentityGuidelines/Stationery/Business%20Cards.aspx)（2018 年 3 月現在）

——編著者・著者略歴——

石田　幸男（いしだ　ゆきお）

1970 年　名古屋大学工学部機械工学科卒業
1975 年　名古屋大学大学院工学研究科博士課程修了（振動工学を専攻）
　　　　工学博士　（名古屋大学）
2012 年　名古屋大学名誉教授
2023 年　逝去
　専門　回転体力学，振動工学

村田　泰美（むらた　やすみ）

1979 年　上智大学外国語学部英語学科卒業
1995 年　オーストラリア国立大学アジア研究学部博士課程修了（言語学を専攻）
　　　　Ph.D.（オーストラリア国立大学）
　　元　名城大学外国語学部教授
　専門　日英対照研究

Igor Menshov（イゴール　メンショフ）

1979 年　モスクワ大学数学力学部力学科卒業
1983 年　ロシア科学アカデミー応用数学研究所博士課程修了（流体力学を専攻）
　　　　Ph.D.（ロシア科学アカデミー・スチェクローフ数学研究センター）
2010 年　Ph.D.（モスクワ物理工科大学）
　現在　ロシア科学アカデミー主研究員，ロモノソフモスクワ州立大学教授
　専門　数値流体力学

Edward Haig（エドワード　ヘイグ）

1984 年　ロンドン大学キングズ・カレッジ理学部生物学科卒業
1989 年　ロンドン大学クイーン・メアリー・カレッジ博士課程修了（環境学を専攻）
　　　　Ph.D.（ロンドン大学）
2009 年　ランカスター大学博士課程修了（言語学を専攻）
　　　　Ph.D.（ランカスター大学）
　現在　名古屋大学大学院人文学研究科（超域人文学繫 メディア文化社会論）教授
　専門　外国語としての英語教育学，批判的言語分析論

長谷　照一（はせ　しょういち）

1956 年　明治大学法学部卒業
1961 年　弁理士登録
1967 年　長谷国際特許事務所創設
2018 年　逝去
　前　　知的財産協会および日本弁理士研修所講師，名古屋大学非常勤講師，
　　　　長谷国際特許事務所所長

科学英語の書き方とプレゼンテーション（増補）
Scientific Writing and Presentations in English

2004 年 6 月 25 日 初版第 1 刷発行
2018 年 5 月 25 日 初版第 7 刷発行（増補）
2023 年 9 月 10 日 初版第 8 刷発行（増補）

検印省略

編 者 一般社団法人
日 本 機 械 学 会
東京都新宿区新小川町 4-1
KDX 飯田橋スクエア 2 階
編著者 石 田 幸 男
著 者 村 田 泰 美
Igor Menshov
Edward Haig
長 谷 照 一
発行者 株式会社 コ ロ ナ 社
代 表 者 牛 来 真 也
印刷所 萩 原 印 刷 株 式 会 社
製本所 有限会社 愛千製本所

112-0011 東京都文京区千石 4-46-10
発行所 株式会社 コ ロ ナ 社
CORONA PUBLISHING CO., LTD.
Tokyo Japan
振替 00140-8-14844・電話(03)3941-3131(代)
ホームページ https://www.coronasha.co.jp

ISBN 978-4-339-07817-6 C3050 Printed in Japan （横尾）